U0019320

成功修練

一輩子要學會的
8堂人生必修課

陳偉航——著

目錄 CONTENTS

Preface ｜ 推薦序　找尋成功路徑很Easy　　007
｜ 序　成功靠不斷的修練　　009

前言——思考成金　015

盲人與女孩／湯尼‧羅賓的成功心法／窮查理的智慧／建立多面向的思考模式／終身學習

投資課——從投資原則到財務自由　033

不願賠，如何賺？／巴菲特的投資原則／查理‧蒙格的投資策略／彼得‧林區的投資心法／比爾‧格利的「十倍股」選擇條件／「三宅一生」／創造「被動收入」／蘇西‧歐曼談如何達到「財務自由」

創業課——從初創事業到永續經營　063

貝佐斯的創業心路歷程／馬雲為什麼成功？／新創企業如何存活？／新創企業成功的最關鍵因素／打破傳統的太陽劇團／藍海策略／張忠謀談創新／百視達（Blockbuster）vs. 網飛（Netflix）／克里斯汀生的「破壞式創新」／特斯拉的異軍突起／亞馬遜如何持續成功？

目錄 CONTENTS

領導課——從領導力到組織修練　089

如果你看到一個小孩在街上跌倒後在哭……／誰說大象不能跳舞？／文化不僅僅是遊戲的一個面向／改變 Google 和史密特命運背後的人／一兆美元教練的指導原則／傑克·威爾許的「致勝」祕訣／第五項修練／U 型理論

管理課——從工作效率到有效管理　117

艾森豪矩陣（Eisenhower Matrix）／80%的土地由20%的人口擁有／想像你站在紐約 1,360 呎高的雙子星摩天大樓上……／10 條自然法則／自我提升／高效人士的 7 個習慣／彼得·杜拉克談「有效管理」／有效管理者的 5 種心智習慣

決策課——從聰明抉擇到理性判斷　137

當小綿羊碰到了大猩猩／PrOACT 決策方法／零和遊戲／囚徒困境／決策樹（Decision Tree）／誘餌效應

行銷課——從創新品牌到成長駭客行銷　159

Lululemon：一個成功創新的機能性運動服飾品牌

／ Nespresso：一個成功創新的咖啡品牌／ Warby
Parker：一個成功創新的眼鏡品牌／「成長駭客行
銷」的崛起／「成長駭客行銷」4 步驟

廣告課——從建立印象到軟性訴求　191

萬寶路男人／奧格威開啟了「印象時代」的來臨／
一個廣告人的自白／奧格威談廣告／顛覆傳統的 VW
金龜車廣告／艾維斯（Avis）轉虧為盈／創意革命
的領導者／廣告不是科學，而是藝術／創意要創造
USP ／雷根的形象塑造者／電腦的印象創造者／可
樂的歡樂製造者／電影的劇本撰寫者／未來的軟性
訴求者

銷售課——從推銷到發揮影響力　237

15 年間賣掉 13,001 部汽車／吉拉德的 10 個推銷祕
訣／ 23 年間賣掉 16,000 架飛機／雷義的 8 個推銷
祕訣／人人都是推銷員／ABC「轉動」方法／錯誤
的標價產生意外的結果／ 6 個影響力法則／發揮影
響力

推薦序
找尋成功路徑很Easy

台灣 B 型企業共同發起人、前中華徵信所董事長　　**張大為**

　　每一個成功的企業或者個人背後都一定有他成功的特質，作為一個長期的公司經營者，我也經常藉著拜訪很多公司領導人，透過對話、觀察去發掘一個經營者的特質。長期觀察我就得到一個心得，雖然每個經營者都有他經營的風格，但卻一定擁有兩個共同的特質。一個是「堅持理想」，一個是「不斷學習」。

　　「堅持理想」是要去做「對的事」，而不只是做自己喜歡的事；「不斷學習」則是力行「他山之石可以攻錯」。我也發現成功者，無論是擔任什麼職務，或是有多麼忙碌，他們一定能夠找到時間看書，而且會大量閱讀。無論是新知識、新理論、新趨勢，尤其是別人成功的經驗，絕對是必讀的功課。當他們彙整、歸納並啟發延伸到自己所做的事，就成為他們獨特成功方程式中的一個元素。

　　偉航兄就是這樣一位成功者。他把自己長年來觀察、實踐的成功心得，歸納為投資、創業、領導、管理、決策、行銷、廣告、銷售八個面向，並且在每個面向創造不同情境，引述諸多真實案例和小故事，讓閱讀者可以真實貼近到自己所遇到的景況。

　　找尋成功路徑很 Easy，端視我們是否願意真實面對自己的弱點並設法改進。本書中引述彼得‧杜拉克的論點——如果我們無法有效自我管理，我們便無法有效的管理他人。想要追求成功，我們就由學習《成功修練》開始吧！

Preface ｜序

成功靠不斷的修練

　　人生是一條漫長的路，你想擁有什麼樣的生活，決定在年輕時你對自己的期許和要求。巴菲特的名言是：「人生就像滾雪球，重要的是找到潮濕的雪和一條很長的山坡。」「潮濕的雪」就是獲得成功的能力，「很長的山坡」就是長期持續可發展的道路。因此，你必須為未來的生涯發展打算，及早修練獲得成功的能力和途徑。

　　從經營者的角色轉為顧問工作以後，我有更多的時間參與不同企業的發展，同時也有更多的閱讀、思考和反省，因此本書便是個人長期的工作、學習和思考的一些心得，融合了當代許多大師的智慧，也是我在企業內訓中的一些教材，把它分成投資、創業、領導、管理、決策、行銷、廣告、銷售 8 個面向，希望提供在職場工作的人員一個學習的參考。

　　投資是在傳統教育沒有教的一堂課，但卻是人人都該具備的知識。在 2000 年的科技網路泡沫中我所買的基金遭到嚴重的損失，讓我意識到投資不能依賴別人，即使是所謂

的專業人士。自己必須好好的學習，得到正確的理財知識，才能讓自己的未來有所保障，因而在 2008 年的金融風暴中我的投資沒有受到影響，能夠安然度過，因此我一直希望能夠分享投資的一些心得。從另一個角度來說，即使你沒有創業，但你投資在有前景的企業，公司賺錢你獲得利益，和你自己經營公司一樣。

創業是人人夢想的，但是創業也倍極艱辛，記得我在年輕時創業的前三年很少準時回家，成功都必須付出代價，不過經歷那樣的磨練也使人成長，而回想那段創業歲月中的酸甜苦辣，還是令人難忘。畢竟走過的都會留下痕跡，青春不要留白。創新是創業的靈魂，任何企業都要不斷的創新才能生存和成長。

領導者的特質其實在年輕時就可以看出，在學校社團中表現優異的學生往往是未來社會的菁英。在國外申請大學，除了學業優異以外，也非常重視社團活動的表現和社會服務的參與。我們的社會需要更多優秀的年輕領導人來帶動社會的進步。領導者最重要的工作就是打造一個強有力的企業文化，一個充滿活力和朝氣的組織氣候，讓所有的員工都能有所發展。

管理要從自我的管理開始，進而到整個組織的管理。管理是一種程序，從領導、組織、計劃、協調到考核，周而復始，努力不懈。我在很多企業擔任顧問，都會建議企業要重視績效，要依據經營數據來檢討、分析和改進。管理的要訣

還是在用人，我常說好的品質要從人的品質去追求，因為好的人就會做出好的事，而好的人來自好的理念，好的理念來自教育訓練，因此管理企業要從教育訓練著手，讓人人建立正確的理念。

　　決策不管對個人對企業都很重要，方向正確，努力不會白費。對企業來說策略規劃比 KPI 的要求更重要，因為前者是攻，後者是守。在決策中直覺固然很重要，但是也需要理性的判斷。作為顧問，通常我都要對企業提出決策的建議，這些建議並非瞬間的靈感，而是長期累積的經驗。儘管企業的負責人都有既定的觀念，但也會有思考的盲點，因此顧問就是提供另一種觀點，讓你跳脫原有的思考框架。

　　行銷因為科技的變化帶來許多行銷技術的變化，行銷一直都是我的專長，在我的上一本書《互聯網巨變下，行銷不變的 10 句話》對行銷的新趨勢和行銷法則已多有著墨，因此本書側重在介紹創新品牌的行銷策略和新創企業的行銷方法。儘管爆品行銷已成為互聯網時代行銷的利器，但品牌價值的創造仍是商品能否長銷的關鍵。

　　向廣告創意致敬，廣告是我所愛，我的第一個創業是廣告公司，和美國 BBDO 廣告公司合作也讓我深受其益，參加國際性廣告會議，讓我更深入了解廣告事業的經營和發展，而我也對一流的廣告創意著迷不已，對當代的廣告大師充滿敬意，他們的觀念和作品歷久而彌新，值得參考和學習。

　　銷售應該是人人必備的技巧，我是業務出身的，即使擔

任企業的經營者我都喜歡和第一線的業務人員並肩作戰，一起面對客戶。我也出版過《No.1 業務主管備忘錄》一書，並經常講授業務管理的課程。業務是公司的火車頭，帶動企業向前發展，因此推銷技巧和方法非常重要。年輕的工作者如果可以從業務做起一定可以得到很多的收穫。

成功是獲得生活和心靈的富裕，《**成功修練**》這本書只是為你開啟了 8 扇門，每個門裡其實還有無限的天地，無盡的學習歷程，期望你能走向正確的成功之路。

謹以此書獻給我的太太萍、女兒穎慧，她們一直是我長期的精神支柱。

NOTES

思考成金

 # 盲人與女孩

在網路上流傳著一支影片，內容如下：

一個陽光燦爛的早晨，在巴黎街道旁一棟大樓前的台階上，坐著一個中年白髮的盲人乞丐，身旁放著一塊紙板，上面寫著：「我看不見，需要幫助！」雖然街上來往的行人很多，但一般人看了他面前那塊紙板上寫的字後，卻都無動於衷。

有一個年輕時髦的女孩經過這位盲人身邊時，她看到紙板上寫的字，於是停下來順手拿起那塊紙板，在紙板背面另外寫了一行字，寫完後把它擺回盲人乞丐的身旁，於是開始有許多路人看了那行字後丟下了銅板。

下午她回來再次經過那位盲人乞丐時，盲人乞丐認出她來，很感動的問她：「妳究竟寫了什麼字？」

其實，女孩只是在紙板上寫了「春天到了，可是我什麼也看不見！」

的確，春天到了，鳥語花香，大地開滿色彩繽紛的花兒，人們可以盡情享受這美好的一切，但盲人卻無法。

短短改寫的這句話，引起了路人的同情心。

這支影片是根據法國詩人朗‧比浩勒（Jean Pehale）的一個真實故事改編的。

　　同樣的一件事，改變了思考模式，改變了說法，結果完全不一樣。

　　網路上還流傳這樣的譬喻：「給猴子一根香蕉和一塊金條，猴子會選擇香蕉，因為它不知道金條可以買來千千萬萬的香蕉；同樣的，給人金條和智慧，大多數人會選擇金條，因為他不知道智慧可以換來千千萬萬的金條。所以，有的時候選擇比努力更重要。」

　　的確，選擇正確的思考，讓你能夠點石成金。思考可以致富，不但讓你生活更富有，而且讓你的心靈更富裕。

　　在人生的路上，我們有許多抉擇，不一樣的抉擇帶來不一樣的結果。當你做抉擇的那一剎，人生的路就轉彎了，永遠再也回不去。思考充滿力量，採取正確的思考模式才會帶來美好的結果。

　　神經科學家邁可・梅澤尼奇（Michael Merzenich）指出，由最近的研究已經發現改變思考可以刺激大腦帶來巨大的變化，從而導致成功。

　　大腦已經被證明可以過濾我們記憶中的東西以及我們想要吸收的訊息，因此，我們應該把注意力集中在對我們人生目標非常重要的事物上。而且，研究還證實人類通過思考的訓練能在潛意識中繼續創造新的神經元。

湯尼・羅賓的成功心法

　　湯尼・羅賓（Tony Robbins）是美國非常成功的激勵大師，全世界有超過 5,000 萬人上過他的課，而且指導過很多名人和專家，包括前美國總統柯林頓。

　　1993 年網球傳奇人物阿格西從世界排名第一的位置滑落，而且手腕受傷，因此他求助於湯尼・羅賓。當他們見面時，阿格西告訴湯尼・羅賓，他一直在花時間研究他的揮拍技術，但是湯尼・羅賓導引他去回想他曾經完美擊中網球的那種感覺，而不是一直在注意他的手腕和揮拍。

　　湯尼・羅賓讓阿格西回到那種巔峰狀態的情境中，專注而不再分心，結果阿格西恢復了信心，在 1994 年重新登上球王寶座，因此阿格西稱湯尼・羅賓為「終極生命教練」。

　　在湯尼・羅賓的第一本暢銷書《無限的力量》（*Unlimited Power*）中他指出：「世界上最成功的人都有一個共同點，他們已經掌握了產生他們最想要結果的能力。」為了在生活中取得成功，湯尼・羅賓指出我們必須遵循以下七個「信念」：

1. 每件事的發生對我們來說必然有它的原因和目的

2005 年 6 月 12 日賈伯斯在史丹佛大學畢業典禮致詞時提到，30 歲他被迫離開他一手創辦的蘋果公司時，是他人生最糟的時候，但「人生最壞的時候往往是最好的開始」，事實證明，被蘋果公司解僱是他遇到的最好的事情，讓他自由進入了他生命中最具創造力的時期之一。

賈伯斯在接下來的五年裡，創辦了二家公司：NeXT 和皮克斯（Pixar），皮克斯製作了一系列非常有名的動畫電影，如《玩具總動員》、《怪獸電力公司》、《海底總動員》等，後來被迪士尼公司收購。結果，NeXT 也被蘋果公司收購，他又回到了蘋果公司擔任執行長。

賈伯斯說：「我很確定如果我沒有被蘋果公司解僱，這一切都不會發生。這不是非常可口的藥，但我想患者都需要它。有時人生會被磚塊擊中頭部，但你不要失去信心。」

在不如意的時候，成功的人不會抱怨環境和別人，他們知道事情發生一定有它的道理，他們把任何挫折或困難當作挑戰和磨練，他們認為逆境反而帶來更美好的收穫和結果。

2. 沒有失敗，只有結果

愛迪生為了發明電燈，試驗了 1,200 次，結果都沒成功。他說這不是失敗，而是發現 1,200 種方法都沒效，因此他不放棄，繼續努力，終於成功。

成功的人字典裡沒有失敗，只有結果。如果結果不是他

們想要的，他們會把它視為學習的機會。

3. 不管發生什麼事，負起責任

美國前總統雷根在他的回憶錄裡提到，他十一歲的時候有一天和朋友一起玩球，不小心把鄰居家的玻璃打破，因此鄰居要求賠償 12.5 美元。雷根告訴他父親說他不是故意的，可是他父親認為玻璃是他打破的，他要負責賠償。但是雷根說他沒有錢，因此他父親先借給雷根 12.5 美元，要求一年後雷根還他。後來，雷根只好開始打工，半年後終於把他父親借給他的錢還清。因此，雷根在回憶起這件事時表示，透過自己的勞力來承擔過失，讓他明白什麼是責任。

成功的人勇於承擔，負起責任，不管發生什麼事不會推諉，也不會責怪別人。

4. 不需要完全了解才行動

賈伯斯因為成功領導蘋果公司和推出 iPhone 大受歡迎而備受推崇。但是，iPhone 開始是一個在他不知情的情況下進行的實驗性項目，後來在他的執行人員的推動下成為一個正式的新商品開發項目，然後集合了一群傑出的軟硬體專家進行開發。在開發早期，賈伯斯並不確定新興的智能手機是什麼模樣或市場能否廣泛接受。在沒有足夠的了解之下，2004 年 11 月賈伯斯決定放手去做。因此又經過漫長的二年，不斷的研發和修正， 終於發展出 iPhone 革命性的多點觸控

顯示功能，最後在 2007 年正式上市，改寫了手機的歷史。

　　成功的人不會一開始就要求完美，不會等到所有的知識都完備才行動，他們都是邊做邊修正，在知識的了解和使用之間取得了平衡，最後才達到完美。

5. 人是你最寶貴的資源

　　美國大賣場沃爾瑪（Walmart）於 1950 年由山姆‧沃爾頓（Sam Walton）創立，當時山姆‧沃爾頓在阿肯色州買了一家商店，1962 年開始發展沃爾瑪連鎖店，到 80 年代開始在美國南部其他地區擴張，最後在美國各州都設立一家大賣場，到目前為止該連鎖店已經發展到 28 個國家 11,000 多家商店。

　　山姆最讓人津津樂道的是他非常重視他的員工，他深刻的了解沃爾瑪的快速展店完全有賴於每一位員工盡心盡責的工作；因此他以身作則，每天早上 4 點 30 分就開始工作，到處拜訪各地分店，認識每個員工，認真聆聽他們的意見，還會一大早去配送中心巡訪，並和員工一起吃早點喝咖啡。

　　成功的人注重人脈，重視人才，他們懂得如何激發員工的潛力，他們強調團隊意識、共同目標和團結感。

6. 工作就是遊戲

　　在一本愛迪生的傳記裡描述了愛迪生在舊金山蒙洛公園（Menlo Park）的著名實驗室工作和生活的狀況，書裡寫著：「在實驗室裡的人員彷彿在賭博似的工作，不時還夾雜著一

些笑話和管風琴吹奏中吵鬧的歌曲……整晚的實驗工作，以及他們的午夜節目和說故事的時間，成為愛迪生作為發明本身神話的重要組成部分。一名員工說：『對我來說最奇特的是每週六我可以得到 12 美元，因為我的勞動看起來不像是工作……我喜歡它。』」

世界上最傑出的藝術家、思想家和創作者都在他們的作品中找到了快樂，因為他們把工作當成遊戲，因此樂此不疲。工作占據每個人生活的很大一部分，而讓人真正滿足的唯一方法就是做你認為是偉大的工作。

7. 沒有承諾就沒有持久的成功

台積電前董事長張忠謀經常在媒體的採訪中提到，台積電的經營理念與價值只有四個，第一個是誠信正直（Integrity）、第二個是承諾（Commitment）、第三個是創新（Innovation）、第四個是客戶信任（Customer Trust）。

關於承諾，張忠謀強調：「我們對客戶一旦做了承諾，即會全力以赴，即使要虧錢才能做到，我們都還是做了，有些客戶甚至覺得我們有點可憐，但因為不計代價履行承諾，最終贏得了客戶的長期信任。」

如果你只是在嘗試，而不是承諾，那麼你將無法達到目的。湯尼・羅賓說：「最成功的人『不一定是最好、最聰明、最快、最強的人，他們是最有承諾的人。』」

窮查理的智慧

　　眾所皆知，華倫・巴菲特（Warren Buffett）是歷史上最成功的投資者，但是如果他沒有得到查理・蒙格（Charlie Munger）的幫助就沒有辦法達到這樣的成就。查理・蒙格是巴菲特在波克夏・海瑟威（Berkshire Hathaway）公司的合夥人，世人對他了解不多，但其實他和巴菲特一樣好學不倦，充滿睿智。

　　在他們 50 年的合作夥伴關係中，巴菲特在《窮查理的普通常識》（*Poor Charlie's Almanack*）一書序言中說：「我對他的感激，無以言表。」由此可見他對查理・蒙格的推崇。比爾・蓋茲也說查理・蒙格確實是他遇到過的最博學的思想家。

　　查理・蒙格自稱自己是「窮查理」，其實他一點也不窮，他是一個大富豪。「窮查理」是蒙格模仿他最崇拜的美國開國元老富蘭克林的自我稱號，因為富蘭克林的筆名是「窮理查」。富蘭克林博學多聞，查理・蒙格也是。當被要求用一個詞來描述自己時，查理・蒙格選擇了「理性」。在《窮查理的普通常識》一書中，蒙格揭露了他的智慧如下：

1. 努力做到客觀

強迫自己去考慮另一方面的論點，並且找出比它們更好的論點。我們的思想都有偏見，使用檢查清單過濾錯誤的決策。學會承認錯誤，一旦自己錯了就放棄你原來執著的想法。

查理・蒙格說：「如果人們告訴你你真的不想聽到的、那些不愉快的，你馬上會產生反感；但是你必須訓練自己跳脫那種感覺。」

關於這一點，巴菲特也說：「運用邏輯來幫助避免愚弄自己，查理不會接受任何我說的，只是因為我說的，儘管世界上大多數的人都會順從我的意見。」

2. 反向思考

先想到失敗的狀況，然後一一剔除，避免失敗就自然能成功。從別人的錯誤中學習，而不是自己做錯。

查理・蒙格說：「反面是什麼？什麼是我沒看見可能會出錯的？」他又強調：「反向，永遠反向思考。許多難題只有在反向思考時才能得到最好的解決。」

他舉了一個例子：「如果你想幫助印度，你應該考慮的問題不是：『我如何幫助印度？』相反的，你應該問：『我如何傷害印度？』你會發現什麼會造成最嚴重的傷害，然後盡量避免它。」

3. 學習跨領域的思想

不要被侷限在某一領域裡，也不要用一個想法去推論所有的事。建立起豐富的思考模式，可以觸類旁通。

查理·蒙格說：「如果你只是記住孤立的事實，並且試著把它們拼湊在一起，那麼你真的什麼都不知道。你必須擁有多個思考模式，這些模式必須來自多個學科，因為世界上所有智慧都不是在一個小學術部門中找到的。」

4. 了解你的能力圈

每個人都有自己的能力圈，不要做超出自己能力的事。如果某件事超過你的能力範圍，最好在決定前了解更多的訊息，不要魯莽行動。

查理·蒙格說：「你必須弄清楚自己的能力是什麼？如果你玩其他人都有能力玩的遊戲而你沒有，那麼你將失敗。」他又說：「人們都在努力變得聰明，而我所要做的就是不要愚蠢，但這比大多數人想像的要難。」

他指出巴菲特和他都不投資高科技公司股票的原因是：「華倫和我覺得我們在高科技領域沒有任何優勢。事實上，我們覺得我們在試圖理解軟體、電腦晶片或者其他技術發展方面處於一個很大的劣勢。因此，基於個人的不足，我們傾向於避免這種情況。」

建立多面向的思考模式

　　1994 年，蒙格在南加州大學商學院發表了一篇著名演講，演講主題是他的投資和商業哲學。在演講中他提出了如何做出明智決策的思考方法，那就是建立一系列多面向、跨領域的思考模式，以避開人類的偏見和思考盲點。

　　「思考模式」是我們既成的觀念，對某些事物如何運作的解釋，包括了我們在腦海中的概念、框架、價值觀或任何經驗法則。

　　透過思考模式可以幫助我們了解周遭的環境和生活，做出決策和解決問題。例如，透過「供需原理」了解經濟的運作方式；透過「賽局理論」了解決策的運作方式。

　　世界是高度不確定的，但思考模式幫助我們減少一些不確定性。學習新的思考模式，可以為我們提供了一種新的方式來看世界。

　　人類思考的優點和缺點之一是建立因果關係非常迅速，結果我們只看到事物的表面。就如《快思慢想》（*Thinking, Fast and Slow*）書裡所說的，人們常常驟下結論，憑藉的是某種直覺，而這種直覺往往是錯誤的，錯誤的直覺就是偏見。

　　行為經濟學家也指出，人們並不理性的理解這個世界。我們都有偏見，這些偏見比我們想像的更強大；因此，採取多面向的思考模式可以消除偏見。

　　蒙格和巴菲特認識到，想要了解關於這個世界的一切知識是不可能的；但是，學習來自不同知識領域的重要原則，讓他們了解更多的思考模式，給了他們能夠完整和清楚的透視問題所在，從而做出更明智的決策。

　　當一個思考模式無法解決問題或引導他們做出決定時，蒙格和巴菲特就會嘗試採用另個思考模式，直到問題能夠真正獲得解決。沒有一個思考模式是完全完美的，但是運用幾個不同的思考模式，讓我們可以從更好的有利位置看到我們周圍的環境。

　　生物學家羅伯特・薩波爾斯基（Robert Sapolsky）在2017年的著作《表現》（*Behave*）書中的序裡提到：「你不可能從某一學科角度來解釋人類的思考方式。」

　　他舉了一個例子：假設你旁邊有隻公雞，而母雞在街的對面，公雞擺出一個雄性姿勢。他問：「母雞為什麼要過馬路？」

　　根據不同的專家答案如下：

　　如果你是一位心理神經學家，你會說：「因為雌激素激發了牠腦中的神經，讓牠對公雞的姿勢有了反應。」

　　如果你是一個運動學家，你會說：「因為牠的長腿支撐著坐骨，讓牠可以快速向前走。」

如果你是一個進化生物學家，你會說：「因為牠的基因裡，讓牠產生求偶的需要。」

從技術上講，這些專家都沒有錯，但這個例子告訴我們：不要只從你的專長或某個角度看事物。

每個人的思考模式只是真相的某一面，我們面臨一個複雜的世界，在生活中面臨的挑戰和情況不能完全由一個領域或行業來解釋。

同樣的，物理學或工程學沒有單一的思考模式可以提供對整個宇宙的完美解釋，但是這些學科中最好的思考模式讓人類能夠建橋造路、開發新科技，甚至可以旅行到外太空。

正如以色列歷史學家尤瓦爾·諾瓦·赫拉利（Yuval Noah Harari）所說：「科學家普遍認為沒有任何理論是正確的。因此，對知識的真正考驗不是真理，而是實用。」的確，最好的思考模式就是最有用的。

如果你只依賴某個狹隘的思考模式，就會像穿著精神緊身衣一樣，使你的認知範圍受限。當你的思考模式受限時，你尋找解決方案的潛力也會受限。為了釋放你的全部潛力，你必須擁有一系列多面向的思考模式。

 終身學習

對於思考的鍛鍊，必須要持續不斷。

查理·蒙格和華倫·巴菲特是兩位傳奇的投資者，他們共同打造了波克夏·海瑟威公司的傳奇，平均每年為股東創造 20% 以上的價值成長。

造成他們如此成功的原因只有一個：他們都抱持「終身學習」的精神。

經過 50 多年的合作，查理·蒙格和華倫·巴菲特仍然互相尊重和欽佩。2007 年查理·蒙格在南加州大學的演講中說：「巴菲特具有一個非常大的特質，那就是：他有能力成為終身的『學習機器』。如果你觀察華倫·巴菲特的時間，你會發現他花費的時間中有一半是坐在他的屁股上閱讀。」

蒙格指出：「沒有終身學習，你就不會做得很好。如果只是依賴過去的知識，你無法在人生中走得很遠。」

他以波克夏·海瑟威公司為例，它肯定是世界上最受尊敬的公司之一，而且可能擁有整個文明歷史上最好的長期投資紀錄，但是要長期維持這樣的紀錄，如果巴菲特不是一台連續學習機器，那麼這個紀錄絕對是不可能的。

其實蒙格和巴菲特一樣，也是一台「學習機器」。他們共同的特點是：

‧**不斷閱讀**：他們每天最多會看書看到 500 頁。

‧**鍛鍊大腦**：巴菲特喜歡打橋牌，每周至少打四場，每場約兩小時。蒙格則採取多面向的思考，從各個不同角度看問題。

‧**傳遞智慧**：他們都好為人師，樂於和別人分享他們的智慧；而且教學相長，教學也可以增加學習的動力。

終身學習對於長期成功至關重要，蒙格和巴菲特認為：「成功是過程，而不是目的地。因此你必須持續不斷推動自己，永不停止。」

CHPATER

1

投資課
從投資原則到財務自由

是一輩子要會,卻是傳統教育沒有教的一堂課!從投資原則到財務自由,是人人都該具備的知識。投資不能依賴別人,即使是所謂的專業人士,自己也必須好好學習,獲得正確的理財知識,才能讓自己的未來有所保障。

不願賠，如何賺？

　　一位資深的投資專家告訴我，許多朋友找他商量如何處理手上的股票，結果大多數人手上握著一堆賠錢的股票，賺錢的股票早早就賣了。

　　如果以做生意的眼光來看，你批進了紅、黃、藍三種顏色的衣服來賣，結果紅色衣服大賣，黃色衣服平平，藍色衣服滯銷，你會怎麼做？應該是追加紅色衣服的訂單，出清藍色衣服的存貨。但是在投資上，一般人為什麼反其道而行？

　　因為一般投資人掉入了一個心理陷阱：「他們愛上了他們擁有的股票，而且他們討厭虧損！」。他們一直在期待有一天股價會回到原來的買價，結果是遙遙無期、希望落空，一堆爛股越抱越久。

　　一般人在買進股票的時候都是抱著樂觀的期待，因為你看好這家公司的前景或別人告訴你它有潛力；當然，你是因為看好這支股票會漲你才會買。但是買入之後它卻遲遲不漲，大多數人都不認錯，都不相信自己看走眼，這是一般投資人的另一個心理盲點。還有心理專家發現：「賠錢痛苦的感覺是賺錢快樂感覺的 2.5 倍」。因此，一般人不甘損失不

願賣股。其實，市場並不關心你付出的代價，只有你自己會在乎。無法砍掉賠錢的股票，你就無法賺到錢，原因有二：

1. 股票掉下來容易，再爬上去難

俗語說：「股票上漲是爬樓梯，下跌是跳樓。」亦即，股票是慢慢漲，但快快跌。而且，一支股票由 10 元跌到 5 元，跌了 50％，但要漲回去，由 5 元漲到 10 元則要100％，當然更困難。此外，股票重新漲回去的過程，由於層層套牢的人很多，因此每上漲一個波段就有人為求解套而賣出，也增加了上漲的困難。

2. 機會成本

同樣一筆資金，如果有更好的投資標的，為什麼要緊抱著賠錢的股票而失去更好的賺錢機會呢？因此只有調整手上的投資組合，淘汰弱勢股，買進強勢股，才能賺到錢。

很多人滿手賠錢的股票，卻無法當機立斷汰弱留強，反而安慰自己：「下次我不會再犯同樣的錯誤。」問題是往往沒有下次，因為一次就讓你血本無歸、無法翻身。

要避免這個陷阱，只有一個方法，你要問自己：「如果我手上沒有這支股票或債券，那我現在還會買嗎？」

如果答案是否定的就賣掉，如果答案是肯定的就不要賣。就這麼簡單！

巴菲特的投資原則

　　即使是巴菲特也會遵循這個原則！巴菲特在 1996 年給股東的年報中寫著：「如果你不願意擁有一支股票 10 年，甚至不必考慮擁有它 10 分鐘。」因此他買入的股票都是長期持有，譬如可口可樂、美國運通、富國銀行等。在 1998 年的年報中巴菲特進一步指出：「當我們擁有優秀管理階層經營的優秀企業時，我們最喜歡的持有期是永遠的。」

　　巴菲特的投資方法是「守株待兔」：99％的時間是等待，1％的時間才出擊。一旦發現真正值得投資的標的，就會重重的投資下去。巴菲特的投資對象，基本分二種：一種是「收費站」，另種是「護城河」。

1.「收費站」

　　巴菲特喜歡獨占而且有固定收入的公司，譬如地區性的電力和天然氣公用事業等，他稱之為「收費站」，因為顧客要定期向他們繳費。

2.「護城河」

　　巴菲特選擇具有獨特競爭優勢的領導企業，這些公司

擁有他人難以模仿的優勢，並掌握價格支配力，因此這些競爭優勢形成「護城河」，讓競爭者無法跨越。競爭優勢包括了：無形資產（包含品牌、專利、特許）、創新科技、規模經濟、顧客忠誠度等。譬如吉列刮鬍刀占有 70%的市場，它的成功在於不斷的推出更新更好的刮鬍刀。

　　巴菲特的投資原則：一是「不懂不買」，二是「不便宜不買」，三是「集中而非分散」。

　　・「**不懂不買**」：巴菲特不買科技股，因為科技變化太快，難以捉摸。在 2017 年開始買進蘋果公司股票是因為它的事業已經很成熟穩定，而且轉向以服務為主，會有穩定的現金流。他喜歡日用消費品公司，譬如可口可樂，歷經百年而不衰；又譬如吉列刮鬍刀，每個男人每天早上起來都需要刮鬍子。

　　・「**不便宜不買**」：巴菲特是班傑明・葛拉漢（Benjamin Graham）「價值投資」的信徒，買股票講究它的內在價值遠遠大於價格；因此巴菲特常說：「價格是你付出的代價，價值就是你得到的。」

　　葛拉漢曾說：「投資有二個法則：一是不要賠錢；二是不要忘記第一個法則。」因此葛拉漢只買具有「安全邊際」的股票，通常他會以低於三分之二的淨資產價值買進某一公司股票，或將注意力集中在本益比較低的股票上。

在股市大跌時反而是最佳買進時機。人棄我取，巴菲特曾說：「一般人犯的投資錯誤是『該恐懼時貪婪，該貪婪時恐懼！』」因此巴菲特不在意市場的短期波動，只專注在股票的長期回報上。他認為市場波動就像是朋友，而不是敵人。從別人的愚蠢中獲利，而不是跟著市場波動上下起伏。

•「集中而非分散」：一般投資理論都強調分散風險，因此「雞蛋不要放在同一個籃子裡」，但是巴菲特不以為然，他認為集中投資才是賺錢之道。如果你能慎選投資標的，買入物超所值的公司或股票，當每項投資都能成為金雞母，何必要分散！

在《勝券在握：巴菲特投資之道》（*The Warren Buffett Way*）一書中，作者羅伯特·海格斯壯（Robert G. Hagstrom, Jr.）總結巴菲特對於選股的標準，包括以下 4 個方面共 12 個原則：

1. 企業原則

•該企業是否簡單且易於了解？

•該企業過去的經營狀況是否穩定？

•該企業長期發展的遠景是否被看好？

巴菲特認為報酬率高的公司都是長期以來持續提供同樣商品和服務的公司，因此他不喜歡複雜的公司，尤其是打算徹底改變營運方針的公司，因為它會增加犯下重大錯誤的可

能性。

2. 經營原則

‧管理階層是否理性？

‧整個管理階層對股東是否坦白？

‧管理階層是否能夠對抗「法人機構盲從的行為」？

巴菲特認為最好的經營者就是把自己當成是公司大股東一樣，把公司當成是自己的好好的經營，為股東創造最好的報酬。同時，好的經營者不會盲從，不會模仿其他管理人員的行為，也不會隨波逐流，忽視公司必要的改革。

3. 財務原則

‧注重股東權益報酬率，而不是每股盈餘。

‧計算股東盈餘，以得知正確價值。

‧尋求擁有高毛利的公司。

‧每保留一塊錢的盈餘，公司至少得增加一塊錢的市場價值。

高毛利、高獲利的企業是理想的投資標的，如果股東權益報酬率也高的話就更完美。巴菲特只投資獲利率高於投資成本的公司。

4. 市場原則

‧這家公司的價值是什麼？

‧這家公司能否以顯著的價值折扣買到？

巴菲特非常重視投資公司的真實價值，他認為公司的價值等於運用適當的貼現率，折算預期在公司生命週期內，可能產生的淨現金流量。巴菲特通常是以美國長期公債的殖利率作為折現率的標準，因為美國政府支付 30 年期的利率給投資人是不會跳票的，因此這種利率也被稱為無風險利率，巴菲特認為無風險利率是用來衡量各種投資標的最好的指標。由於現在美國長期公債的殖利率並不高，巴菲特也會把折現率適度調高，以保留較多的利率空間。

查理‧蒙格的投資策略

　　雖然班傑明‧葛拉漢是巴菲特年輕時代的老師和老闆，但是查理‧蒙格對巴菲特投資理念卻有非常大的影響，巴菲特在一次接受《富比士》（*Forbes*）雜誌採訪時說：「我被查理所塑造，如果我只聽了葛拉漢，我會變得更窮。」

　　因為查理‧蒙格建議他除了遵循葛拉漢的「價值投資」方法以外，最重要的是選擇價值被低估的優秀企業才能產生巨大的回報。

　　蒙格的投資方法以菲利浦‧費雪（Philip Fisher）為師，選擇具有高報酬的投資。這些具有高報酬投資的企業具有以下 4 個特點：

‧成長率高於平均水準。

‧利潤必須相對成長。

‧擁有卓越的管理階層。

‧具有競爭優勢。

　　蒙格的投資策略是「成功的投資不要下很多賭注」。一

定要精打細算，找到股價被低估的好公司，等到最好的時機才大大投資下去。

蒙格舉了一個例子：「波士頓紅襪隊的泰德‧威廉斯（Ted Williams）是唯一一位在過去 70 年裡有單賽季打擊命中率達到 .406 的棒球運動員。在《打擊科學》雜誌中，他解釋了他的技巧。他將擊球區劃分為 77 個格子，每個格子代表一個棒球的大小。他堅持只在他的『最佳』格子中揮棒擊球，因為在最差位置擊球會嚴重降低打擊率。」因此好的投資者也要像一流棒球員一樣，等到真正好球才揮棒。

巴菲特也說：「我可以通過給你一張只有 20 個孔的票來改善你的最終財富，這樣你就有 20 次的打孔機會，代表你一生中所做的所有投資。一旦你把所有的孔打完了，你就無法再進行任何投資了。根據這樣的規則，你真的要仔細考慮你做了什麼，並且你不得不下注在你真正想要的投資，所以你會做得更好。」

查理‧蒙格還提出，對於投資他的作法：

‧始終從衡量風險開始，這意味著保持適當的安全邊際並適時的控制風險。

‧獨立思考，保持客觀、合理和避免跟著群眾走。

‧好好準備，包括努力工作、求知若渴，並總是提問為什麼。

‧保持大智若愚，不要超出你的能力範圍；最重要的

是，永遠不要愚弄自己。

　　‧嚴謹分析，使用科學方法和投資檢查表，並且從正面和反面思考。

　　‧適當分配資金，尋找有沒有下一個更好的投資機會，用機會成本的觀點來評估。

　　‧有耐心，等待時機來臨。

　　‧有決斷力，機會稍縱即逝，所以當機會來時要抓住。

　　‧保持變化，生活在變化中，適應周圍的世界，而不是期望它適應你。

　　‧保持專注，意味著保持簡單並始終專注在自己的目標。

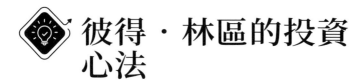 彼得・林區的投資心法

　　彼得・林區（Peter Lynch）是美國一位傳奇的基金經理人，在他管理麥哲倫基金（Magellan Fund）的 13 年間，麥哲倫基金的資產由 2,000 萬美元成長至 140 億美元，年平均報酬率達 29.2%。

　　和一般人的觀念相反，彼得・林區認為在投資上散戶優於專業人士，因為專業人士受限於公司或上級的規範，而個人則有更多靈活性，可以自由獨立行動去發掘更有利可圖的投資機會。

　　彼得・林區的投資原則很簡單，就是「投資你所知道的」（Invest in what you know）。彼得・林區擅長在日常中活中尋找「十倍股」；所謂的「十倍股」，並不一定只成長 10 倍，其實就是「快速成長股」。

　　「快速成長股」的特性是規模小、新成立不久、成長性強、年平均成長率為 20% ~25%。如果明智的選擇，就能從中發現能夠上漲 10~40 倍甚至 200 倍的大牛股。譬如沃爾瑪（Walmart）從上市以後股價成長了 1,000 倍，麥當勞成長了 400 倍，美體小舖（Body Shop）成長了 70 倍。

　　高收益成長率正是創造公司股票上漲很多倍的大牛股的關鍵所在。

　　彼得‧林區自己說他多半都是從他和太太及三位女兒的對話中，發現和日常生活相關的個股。譬如他太太及女兒最近喜歡的服裝、飲料和店家等。

　　的確，最好的選股策略就是留心你身邊事物的發展，抓到成長趨勢，購買你真正了解的公司股票。

　　譬如，當你看到 iPhone 正在流行時，你就買進蘋果公司的股票。我有一個朋友的兒子在美國大學讀書時，看到 iPod 推出大受歡迎，就以 20 多美元的價格買進蘋果股票，到現在都沒賣掉。

　　同樣道理，當數位媒體興起，亞馬遜、Google、臉書大行其道時，你是否注意到他們的公司和股票的發展？

　　新科技、新產品、新的連鎖店和新的創業模式都會帶來新的商機，觀察市場的變化和消費者行為的改變，可以發現有很多新的投資標的值得深入探討和研究。

　　另外，彼得‧林區也指出：「最好的投資策略就是專注觀察你所工作的產業和相關領域。」譬如：有一家飲料公司的負責人，因為他們長期供貨給 7-ELEVEN，隨著 7-ELEVEN 一直在擴大營業，因此他就持續不斷買進統一超的股票。

　　但是，在 2015 年年底，彼得‧林區接受道瓊公司旗下的《市場觀察》（*MarketWatch*）商業新聞網採訪時表示，他的投資心法其實已經廣泛的被社會大眾所誤解，因為他從

來沒有說過：「如果你進到一間星巴克，你點了一杯咖啡來喝之後發現咖啡很好喝，那你就該買進星巴克的股票。」

他說「投資你所知道的」，並不是憑直覺就買，而是要進一步研究該檔股票的市場面和基本面，評估是否值得持有？

評估的重點在於：1. 還有多少成長的空間？ 2. 該公司熱門商品對業績帶來多少貢獻？ 3. 具有那些競爭優勢？ 4. 業績是否成長？ 5. 本益比是否合理？以星巴克為例：

1. 還有多少成長的空間

未來還有多少的展店空間？2018 年全球星巴克的店數高達 29,324 家，即使如此，星巴克還是計劃在 2019 年要積極展店 2,100 家。

2. 該公司熱門商品對業績帶來多少貢獻？

星巴克最熱門商品是香草拿鐵，其次是白巧克力摩卡，2018 年星巴克以咖啡為主的飲料占整體業績的 58%，因此隨著咖啡消費的增加，星巴克營業額也會隨之成長。

3. 具有哪些競爭優勢？

星巴克通過卓越的客戶體驗和優質咖啡提供差異化，消費者認同的「星巴克體驗」是通過其精心設計的商店、良好的氛圍和訓練有素的員工實現的。

4. 業績是否成長？

2018 年星巴克的業績比 2017 年成長 10.42％，2019 年第一季比去年同期成長 9.2％。

5. 本益比是否合理？

2018 年星巴克的本益比為 33 倍左右，預估未來五年的年平均盈餘成長率是 13％。

由此可見，星巴克雖然還在成長，但只能算是穩定成長股，而非快速成長股；而且從盈餘成長率和本益比來比較，星巴克的股價則偏高。

彼得・林區認為：「任何公司的合理本益比水準，都會等於它的盈餘成長率。如果本益比只有盈餘成長率的一半水準，是非常正面的訊息；相反的，如果本益比是盈餘成長率的兩倍，就是非常負面的訊息。」

因此，彼得・林區建議一般投資人在下單之前最好先沉思兩分鐘，想想：「對這支股票感興趣的原因是什麼？」、「這家公司需要具備那些條件才能成功？」、「這家公司未來發展面臨哪些障礙？」、「買進的時機和價格是否正確？」

即使是買對了正確的股票，但如果在錯誤的時間以錯誤的價格買入，也會損失慘重。彼得・林區特別強調：「絕對不買最熱門行業中最熱門的股票」。因為當熱潮退去，熱門股下跌時，它絕不會慢慢的下跌，它會讓你血本無歸。

　　歷史上有許多泡沫，造成股市災難，譬如 2000 年的科技泡沫、2008 年的金融風暴、2017 年的比特幣風潮，都讓投資人受到嚴重損失。彼得‧林區勸告投資人：「在股票市場的投資資金只能限於你能承受得起的損失金額，即使這筆損失真的發生了，在可以預見的將來也不會對你的日常生活產生任何影響。」

　　彼得‧林區從不預測股市的發展，他根本不相信能夠預測市場，他只相信購買卓越公司的股票，特別是那些被低估而且（或者）沒有得到市場正確認識的卓越公司股票，這是唯一投資成功之道。和巴菲特一樣，他認為只要公司的基本面沒有什麼根本的變化，就一直持有你手中的股票。

　　他說：「波段操作並非真正的贏家，真正的贏家是從頭到尾投資在股市，並且投資在具有成長性的公司裡。」

比爾・格利的「十倍股」選擇條件

標竿（Benchmark）創投公司的合夥人比爾・格利（Bill Gurley）是矽谷知名的投資人和分析師，他指出「十倍股」的公司股票具有以下的特色：

1. 可持續的競爭優勢

如果你問：「其他人提供相同的產品或服務有多容易？」而答案是否定的，代表它具有「高門檻」，競爭者不易進入或抄襲，巴菲特將這些進入的障礙稱為「經濟護城河」。

2. 網絡效應的存在

網絡效應（network effect），就是指一個產品或服務的用戶越多，價值越大。「贏者通吃」，市場領導者具有網絡強化的不公平優勢，譬如 Skype、Google、臉書都受益於網絡效應。

3. 收入成長可見性／可預測性高

一個公司的收入成長可見性／可預測性很高，代表未來

的現金流也很穩定，因此能夠帶來更高的股價／收入倍數。

4. 客戶鎖定／高轉換成本高

如果客戶很難把一個企業的產品／服務轉換成別家企業的產品／服務，那麼它就擁有很強的定價能力和客戶壽命，譬如早期微軟的視窗軟體。

5. 毛利率高

毛利率高的公司和毛利率低的公司之間存在巨大差異，領導企業一定是毛利率高的企業，譬如台積電 2018 年的平均毛利率為 48.3%、大立光 2018 年的平均毛利率為 68.2%。

6. 邊際盈利遞增

一個企業的收入變化和成本變化相減，結果就是邊際盈利的變化。如果這個邊際盈利數字遠高於歷史盈利數字，代表這家公司正在成長，擁有更高的收入可以創造更高的利潤率。

7. 客戶集中度低

一個企業寧可擁有高度分散的客戶群而非高度集中的客戶群，如此不容易過度依賴某一客戶。譬如 Google 和臉書就擁有大量的小客戶。

8. 主要合作夥伴依賴關係小

對主要合作夥伴依賴太大，風險就高，因此好的企業要掌握不同的經銷商或供應商來源。

9. 來自自然需求而非大量行銷支出

企業的收入是來自自然需求或大量行銷支出決定品牌的強弱；自然需求是顧客自動上門，代表品牌具有優勢，不需要靠大量行銷支出來開發顧客。

10. 高成長

企業的成長速度越快，未來收入和現金流量就會越大，高成長也意味著公司已經開闢了一個強大的新市場機會，客戶需求似乎無法滿足。因此，成長率超過 25%的公司值得注意，如果成長率超過 50%或 100%，無疑是匹黑馬。

「三宅一生」

除了投資股票以外，置產也能致富。

關於置產，我的房產仲介公司朋友告訴我有一個很重要的觀念：「三宅一生」，這裡的「三宅一生」不是日本的服裝設計師，而是人的一生要買三間房子。

年輕的時候，買一間小房子。到中年以後，收入增加或成家，賣掉小房子買一間大房子。到老了，兒女成家搬走了，賣掉大房子買一間小房子，把多餘的錢拿來養老。

買房地產最好的時機，就是在房市低迷的時候。房市低迷通常會持續一段較長的時間；相反的，房市開始漲的時候會突然漲得很快，原因就是供需原理。

在房市低迷時只有自住客會買，在低迷很長一段時間後，餘屋慢慢越來越少，到有一天餘屋少到要買的人多時，房價就開始漲。房價初漲就會吸引投資客開始買入，投資客買入加速餘屋減少，房價就漲得更快，因此就吸引更多人買屋。

房屋不像商品一樣可以馬上生產出來，因此供給趕不上需求，結果要賣的房子少搶購的人多，造成房價暴漲。房價暴漲建商聞風競相投入，大興土木。等到建商大量投入後，

供給突然暴增，房價也到高點，就開始下跌；但是由於市場供過於求，加上投資客退出，因此餘屋消化很慢。所以房市漲快跌慢就是這樣的週期，投資客的進入和退出是關鍵的因素。

股市、房市會漲和利率也有很大的關係，由於利率低，資金無處可去，因此支撐這二個市場，只是股市的波動要比房市大。

雖然近年來房價高漲，使得投資人望而生怯，但是房屋還是最值錢的資產，而且也是一種強迫儲蓄的方式。當然你必須量力而行，和房屋有關的費用包括：貸款本金利息的攤還、管理維護費、房屋和土地稅以及保險費，這些費用的總和應該低於你總收入的 30％，這樣你才不會犧牲生活的品質。

買房子的三個祕訣就是：「地點」、「地點」、「地點」。最好的選擇就是買在好地段裡最便宜的房子，而不是買在壞地段裡最貴的房子。要買在已開發或即將開發的地方，要避開有長期失業問題的地方，因為有經濟衰退和人口外流的地區，其房地產價值通常很難穩定成長。

 創造「被動收入」

　　《富爸爸窮爸爸》（*Rich Dad Poor Dad*）的作者羅伯特・清崎（Robert Toru Kiyosaki）並不贊成年輕人買房自住，而是主張買房來出租，利用租金收入以支付貸款費用，然後在房屋上漲後賣出，等賺到錢後再置產。

　　因為《富爸爸窮爸爸》書中對資產和負債的看法和一般人認知的財務概念不同，他是以「現金流」的概念來認定。所謂的「現金流」就是可用的資金如何流動，如果錢流進我們的口袋就是資產，錢被拿走就是負債。

　　因此，以買房來說，一般都認為是資產，但羅伯特・清崎認為如果是貸款來買房子，每個月都要付貸款利息，以現金流的概念就認為買房是負債，因為他把錢從我們的口袋拿走。但如果買房拿來出租，而且租金付掉貸款利息後仍有結餘，買房才算是資產。

　　羅伯特・清崎在《富爸爸窮爸爸》書中提出最重要的觀念就是：要獲得財務自由必須擁有「被動收入」，所謂「被動收入」就是你不工作也能有收入。

　　被動收入包括了：房子出租獲得的租金、股票分得的配股和配息、債券的利息、專利權、版權……等。

因此，羅伯特‧清崎把一般人所從事的事業分成 E、S、B、I 四種：

．E（Employee）是員工
．S（Self-employed）是自由業者或專業人士
．B（Business owner）是企業主
．I（Investor）是投資者。

前二者有工作才能賺到錢，是屬於主動收入；後二者，企業主靠員工替他賺錢，投資者靠錢賺錢，才會有被動收入。

一個人努力工作，靠薪水過日子，扣除掉生活開銷以後，所剩無幾，若萬一工作發生問題就沒有收入來源，因此致富之道，就是先有儲蓄，儲蓄之後做妥善的投資，讓錢滾錢；或者脫離職場工作，走向創業之路。因此在年輕時，有了主動收入，更要想辦法創造被動收入，才能達到真正的財務自由。

蘇西・歐曼談如何達到「財務自由」

　　蘇西・歐曼（Suze Orman）是美國知名女作家、財務顧問、勵志演說家和電視主持人。她出版了 9 本關於個人理財的暢銷書，從 2002 年起在 CNBC 電視台主持「蘇西・歐曼秀」理財節目 13 年。她曾 2 次入選時代 100 最有影響力的人物，並獲得 2 次優秀電視節目艾美獎（Emmy Awards），以及 8 項表揚最有成就傑出婦女的格雷西獎（Gracie Awards）。

　　她出生於芝加哥，畢業於伊利諾大學。在完成大學學業後，她搬到了加州的柏克萊。最早她在餐廳當服務生，1980 年她從朋友那裡借了 52,000 美元開了一家餐館。同時，她透過美林證券（Merrill Lynch）公司的經紀人做投資，結果賠掉所有錢。因此她痛下決心要學習理財知識，她接受了美林證券公司的業務培訓，完成培訓後，她留在美林證券公司工作，直到 1983 年離開，然後她到保德信證券（Prudential Securities）公司擔任投資副總裁。1987 年，她辭去了保德信證券公司的職務，自己成立了蘇西・歐曼財務公司。

　　蘇西・歐曼在她出版的《走向財務自由的 9 個步驟》（*Nine Steps to Financial Freedom*）書中，她認為征服恐懼

才是達到「財務自由」的關鍵；換句話說，大多數限制我們
財務成功的因素都存在於我們自己心中建立的牆，取得成功
的關鍵在於打倒這些牆。她的建議如下：

第 1 步：了解你的過去如何成為你未來財務的關鍵

回想一下在你年輕的時候是否存在什麼事情影響你對金
錢的態度？你不敢投資、怕虧錢，可能和你在小時候失去了
一些珍貴的東西有關。或者有些重要的朋友或其他人的話讓
你覺得自己不如別人，永遠無法做任何事情。這些記憶會妨
礙你獲得成功的能力嗎？根據蘇西·歐曼的經驗，大多數人
生活中最大的問題，即使是那些表面上看起來和金錢無關的
問題，其實都和他們早期對於金錢的經歷有直接的相關。

第 2 步：面對你的恐懼並創造新的信念

從你的記憶中去了解你的內心真正的恐懼是什麼？你害
怕失去一切，無法養活自己？你擔心如果你的配偶離開，你
就無法生活下去？你害怕失去工作而且沒有一技之長？

在你面對這些恐懼之後，你必須以新的信念來取代你的
恐懼，重新訓練你的思想。蘇西·歐曼在年輕的時候便是告
訴自己：「我年輕、有實力、能夠成功，我每月至少可以賺
1 萬美元。」她把這條新的信念拿來激勵自己，每天灌輸自
己這個信念 25 次。

在她年輕時賠光了所有的投資，使她陷入了恐懼和匱乏

之中，但是她用新的信念鼓勵自己重新振作起來。因此她說你必須對自己發出一個新的信念以取代你過去的恐懼，你可以不斷重複告訴自己，直到你相信它並被它改變。

第 3 步：誠實對待自己

除非我們認真的評估我們的財務狀況，否則我們無法控制我們的財務狀況。為了做到這一點，我們必現了解每個月的所有收入和支出，將收入與支出進行比較，以了解我們的實際經濟狀況。

蘇西・歐曼說大多數人都欺騙自己認為自己每月需要的錢比實際上需要的少，事實上，人們往往忽略了每個月額外的開銷，譬如要配一副新眼鏡、外出用餐、慶祝生日等，這是造成財務困難的真正原因。如果你發現你每月入不敷出，你就必須賺更多或花更少。

第 4 步：對你所愛的人負責

你必須先考慮萬一你殘疾或死亡了，你如何保障你的家人？你寫好遺囑了嗎？你的財產有沒有做好信託？你有充足的人壽保險嗎？你有醫療保險嗎？你有長護保險嗎？你如何處理你的財產？

蘇西・歐曼指出：「你應該首先關注對你真正重要的人，做好意外的準備，以便如果你遇到某些事情，一切都會以你真正想要的方式得到照顧。雖然許多人不願面對或不想

思考意外或死亡的發生，但這其實是人生很重要的課題，必須優先做好安排。」

第 5 步：尊重你自己和你的錢

你有沒有退休金？你有沒有準備兒女的教育基金？你如何讓你辛苦賺的錢能夠不斷增值？你每個月是否有省下錢來做投資？蘇西・歐曼認為要為你的長期未來提供保障，首先你必須清除債務，如果你無法控制花錢，把信用卡剪掉。其次，把多餘的錢做長期投資，最好是每月定期定額投資績效良好的股票或共同基金，不管市場是上漲還是下跌。

第 6 步：相信自己多於相信別人

做你自己認為適合自己的事，而不是被別人正在做的事所左右。如果你對投資股市感到不舒服，就不要投資。如果你不想和別人一窩蜂的買某支股票，就不要買。這比你想像的更容易掌控自己的投資，而不是付錢給理專幫你做。

蘇西・歐曼建議如果你不了解或無法關注你買的基金，就不如買指數基金，由於費用較低，因為指數基金隨著時間的推移往往會擊敗一般基金。

第 7 步：幫助別人

蘇西・歐曼發現，給予有需要的人，讓她自己感到更快樂，而且給的更多最後得到的更多。同樣的她也注意到她的

客戶，她發現那些定期給予的人比那些沒有給予的人擁有更多的錢。

每當她新的客戶在財務上碰到困難，她就鼓勵他們開始給予，結果令人難以置信的他們的財務獲得更好的改善。因此，她指出：「金錢本身並沒有真正帶來幸福，但幸福可以帶來金錢。因此，金錢只是帶來幸福的工具。」

第 8 步：不要管短期的金錢起伏

無論你的計劃有多好，錢都會有起伏。因此不要管短期的變化，要做長期的打算。今年也許不好，但明年就會變好，你要用積極的態度規劃未來。蘇西・歐曼提到她父親曾經一再遭遇挫折，但最後終於獲得成功。因此不能氣餒，挫折只是考驗，你要堅持你的信念，把眼光放遠。

第 9 步：認識真正的財富

蘇西・歐曼說：「有一天，你會老去，回想起來什麼才是最重要的東西。那時，生命中最有價值的是什麼？可能不是你的淨資產。因此，不要用你的淨資產來衡量你的自我價值。決定生活中真正重要的東西並把它放在第一位。」的確，生命中的價值不只是金錢，當你賺到錢後，如何讓你的心靈更富裕才是賺錢的目的。

CHPATER

2

創業課
從初創事業到永續經營

創業是人人想圓的夢,但創業過程的艱辛,多數人都沒有準備好。從初創事業到永續經營,成功大多來自堅韌與不斷的創新,即使賈伯斯重建蘋果公司時,用的法寶也是創新。

貝佐斯的創業心路歷程

投資之外，致富的另一管道就是創業。創業對很多人來說是個夢想。究竟要不要創業，很多人都猶疑不決，這是一個艱難的決定。如何判斷你的決策正不正確？也許你永遠不知道！但是亞馬遜（Amazon）公司的創辦人傑夫・貝佐斯（Jeff Bezos）說的這段話很中肯。

貝佐斯說：「我知道，當我 80 歲時，我不會後悔嘗試過這個。我不會後悔嘗試參與這個稱為互聯網的事情，我認為這將是一件非常重要的事情。我知道，如果我失敗了，我不會後悔，但我知道我可能會後悔的一件事是沒有嘗試過。」

在創辦亞馬遜公司之前，貝佐斯在一家新創對沖基金公司蕭氏基金（D. E. Shaw & Co.）擔任副總裁，那時他才 30 歲。當他第一次為了替蕭氏基金公司在網上搜尋新的合作公司時，貝佐斯發現一項統計數據顯示，互聯網每月增加 2,300％，他立即了解到在網路銷售產品的潛在前景。因此在 1994 年，貝佐斯在一次駕車橫跨美國，從紐約到西雅圖的過程中寫下了成立亞馬遜公司的計劃書，回來後他就辭掉了在蕭氏基金公司待遇優厚的工作。

　　在貝佐斯的自傳中，他回憶這段經過如下：「我去找我的老闆，對他說：『你知道，我要去做這件瘋狂的事情，我要開辦一家公司在網上銷售書籍。』這是我一直在和他談論的事情，但他說：『我們繼續散步。』然後，我們在紐約中央公園走了兩個小時，最後得到一個結論，他說：『你知道，對我來說這聽起來真是個好主意，但對於那些還沒有找到好工作的人來說，這聽起來更好。』他說服我在做出最後決定之前 48 小時再考慮一下。 所以，我離開了，並試圖找到正確的框架來做出這樣一個重大的決定。」

　　他繼續寫道：「我已經和我的妻子談過這件事了，她說：『無論你想做什麼，你知道我會百分之百支持你。』因此我必須為自己做出決定，而我所發現的讓我做出非常簡單決定的方法就是我所謂的『後悔最小化框架』：我如何把後悔降到最低？所以，我假想自己是 80 歲，然後說：『好吧，現在我回顧自己的生活，我想我不會有所遺憾。』在短期內這個決定會讓你感到困惑，但如果你想到長期，你就可以做出好的決定，以後你不會後悔。」

　　「後悔最小化框架」就是貝佐斯用來衡量是否要創業的方法，你可以思考，如果你看到一個很好的創業機會，你不做未來你會不會後悔？

馬雲為什麼成功？

　　你想創業了，但是你要知道創業者失敗的例子比比皆是，而成功的人則如鳳毛麟爪。到底你是否具有成功創業家的特質？矽谷著名的風險投資家李珍妮（Jenny Lee），她是 GGV Capital 投資公司的管理合夥人，也是早期支持初創企業阿里巴巴和小米的創始人。2018 年 9 月她在新加坡彭博舉辦的科技論壇中演講，她把成功的創業家具有的特質歸結為三大特徵：

1. 願景

　　一個好的創業者必須擁有一個清晰的願景。李珍妮指出：「光有改變世界的夢想是不夠的，創業者必須真正了解他們的業務發展計劃。一個好的願景是公司發展的核心，帶領企業邁向未來的 5 年、10 年、20 年、50 年，甚至 100 年。因此，創業家需要能夠將他的想法轉換為真實、可操作的日常任務。」以中國科技巨頭阿里巴巴的創始人馬雲為例，他在 1999 年首次建立了電子商務網站，便很清楚的提出了他的願景就是「幫助中小企業在全球開展業務」，同時他讓他的團隊根據這個願景實際的去貫徹執行。

2. 韌性

其次，創業家必須能夠承受壓力，愈挫愈勇。李珍妮指出：「韌性也很重要，當一切都對創業者不利時，他還能夠堅持到底。」

3. 適應性

最後，如果新創事業者能夠在當今快速發展的商業環境中生存，那麼適應性必然是關鍵。李珍妮說：「作為創業家，每天都面臨著變化，因此創業家必須具有適應性——能夠立即掌握問題，隨機應變，在短時間內馬上制定計劃、採取行動。」

新創企業如何存活？

對於新創企業如何在艱苦的環境變遷中存活下來，普華永道（PricewaterhouseCoopers，簡稱 PwC）國際會計師事務所的專案領導人喬爾・克茲曼（Joel Kurtzman）所領導的研究團隊，曾經針對 1999 年到 2001 年網路泡沫化的期間，新創而能存活下來的企業所做的調查發現，他們的成功包括以下 3 個方面 9 項要素：

1. 資源

・**擁有堅強的創業團隊**：千禧製藥（Millennium Pharmaceuticals）公司成立於 1993 年，擅長於以基因排序來研發治療癌症的新藥，在創立之初只有 4 個人，但這 4 個人都是來自全世界最大遺傳基因中心的主持人，因此具有雄厚的實力，後來又陸續延攬許多優秀人才，2008 年被日本武田製藥公司收購。對於新創公司，擁有堅強的創業團隊為第一要件。開創新事業不能只靠一個人，需要一群具備多樣技能的人聚集在一起。

・**董事會成員的積極參與**：阿卡邁科技（Akamai Technologies）公司是一家美國內容傳遞網路和雲服務提供商，

是世界上最大的分散式計算平台之一，承擔了全球 15-30％
的網路流量。它在 1998 年成立，但是在 2002 年年底發生財
務危機，由於董事會成員也是柯達公司副總裁馬丁‧柯伊恩
（Martin Coyen）的積極參與，要求公司管理階層立刻採取
縮編組織、裁員並提高業績，結果轉虧為盈，度過難關。董
事會成員不僅只是提供資金和發揮監督功能，還可透過他們
幫忙擬定策略、開發客戶。

　　‧**良好的現金流量管理**：阿卡邁科技公司因為早期籌資
容易，因此用錢揮霍，租最貴辦公室，高價網羅員工，購買
昂貴設備和軟體，在財務危機以後才編列和控制預算，以確
保公司有足夠的現金流量。新創公司要追求長遠的成功就必
須管好現金流量，除了控制開銷，還要想辦法提高收入。

2. 策略

　　‧**審慎的評估市場規模**：迷人影視（Captivate Network）
是一家數位媒體公司，在美國和加拿大 31 個都市辦公大樓中
的電梯內裝置電視螢幕提供 CNN 等節目，然後向客戶收取廣
告費，每月共有 1,130 萬觀眾。在創立之初，他們估計：每
一大樓工作人員每天要搭乘 6 次電梯，每一次約 1 分鐘，因
此平均每人每月搭乘電梯 120 分鐘，每年搭乘 24 小時。以此
為基準，乘上每棟大樓員工人數和裝置電視螢幕的電梯總量
為其市場規模。由於它的觀眾是企業人士，因此吸引 IBM、
Sony、Lexus 等企業來購買廣告，使得收入穩定成長。

‧保持競爭優勢：在網路搜尋興起的時候，儘管已經有雅虎、Excite、Ask Jeeves，甚至微軟加入戰局，但是創立於 1998 年的 Google 卻能夠在群雄競爭中脫穎而出，憑藉的就是它更卓越的技術。因此新創企業必須在技術、成本、製造、行銷、合夥關係等擁有競爭優勢，才能存活下來。

‧建立正確的事業經營模式：戴爾電腦的成功是第一個建立以直銷方式來銷售電腦的事業經營模式，早期它採取電話直銷，後來採取網路直銷；直銷模式使得它比競爭者的成本低，因此可以低價滲透市場。微軟是採取和個人電腦公司合作，把它的軟體和個人電腦一起出售，因此獲得最大市場占有率。事業經營模式決定一個企業的生存和發展，建立正確的事業經營模式是新創企業成功的最關鍵因素。

3. 績效

‧開發出有利的商品：蘋果公司開發出 iPod、iPad、iPhone，諾頓（Norton）公司開發出防毒軟體，這些有利的商品是創造高度營收，使新創企業得以永續成長的原動力。

‧爭取到顧客：客製服飾科技（Customer Clothing Technology）公司在 1980 年中期開發出一種軟體，可以提供給服裝店的店員，把替顧客量身取得的尺寸資料輸入電腦，然後傳送到工廠為顧客剪裁縫製出最合身的服裝。他們去拜訪李維（Levi's）牛仔褲公司，李維非常感興趣，馬上成為第一個客戶，18 個月後李維公司把整個客製服飾科技公

司收購下來。新創企業有好的商品還不夠，必須能在最短時間內開發出顧客，尤其是「燈塔型」顧客。所謂「燈塔型」顧客就是具有指標意義的顧客，經過他們的採用，就會吸引其他的顧客。

　　‧**採取策略結盟**：艾迪索系統（Adesso Systems）軟體開發公司從事於手提電腦無線運用軟體的開發，它創業開始便是和微軟公司合作，同時也和惠普及其他科技廠商策略結盟，因此事業發展穩定。新創企業如果能在創業初期和通路廠商或下游廠商建立策略結盟關係，將有助於未來市場的開發。

新創企業成功的最關鍵因素

建立正確的事業經營模式是新創企業成功的最關鍵因素，而新創企業所提出的事業經營模式，成敗的關鍵在於「創新」。譬如 ING Direct 網路銀行、西南航空、蘋果公司等，他們創立的時候完全拋棄了傳統的法則，採取完全不同的思考模式，徹底的改變了市場的競爭遊戲規則。他們的創辦人都是特立獨行，既不隨俗，也不畏別人批評，堅持自己的理想和信念，擁有獨特的風格。

ING Direct 網路銀行的創辦人阿卡迪・庫爾曼（Arkadi Kuhlmann）竭力反對一般銀行對存款人的剝削，包括手續費偏高、手續複雜等，更痛斥信用卡的發卡浮濫以及信用卡的利率過高導致年輕人負債累累。因此，ING Direct 網路銀行完全和傳統銀行不同，它既不設分行和 ATM 自動櫃銀機，也不聘請高收入的理專，不收手續費，沒有最低存款要求，沒有任何作業，也不發信用卡。它的產品很簡單，只有活存、定存和 9 種基金；70％為網上作業，30％為電話作業。因此它的成本是一般銀行的 1/6，而且它提供比一般銀行更高的利息和更低的房貸利率，因而一傳十、十傳百，吸引了

許多顧客。

西南航空公司的創辦人賀伯・凱利赫（Herb Kelleher）也不認同一般航空公司的作法，包括設置頭等艙、機上供餐和提供累積里程辦法並收取高昂的費用。因此西南航空公司收費低廉，只有普通艙，不對號入座，不供餐，航次頻繁，而且服務親切。結果美國幾家大航空公司都陷於經營危機和財務困境時，西南航空公司仍然年年賺錢和快速成長。

賈伯斯創立蘋果公司的時候，他只基於一個非常簡單的想法：「為什麼電腦不能做得像玩具一樣讓人人都會用？」因此他推出了個人電腦，結束了 IBM 大型電腦壟斷的時代。

成功的創業大多來自創新，即使賈伯斯重建蘋果公司時，用的法寶也是創新。

當賈伯斯於 1997 年回到蘋果公司擔任執行長時，蘋果公司的營運已陷入困境。賈伯斯很清楚知道，唯有透過「創新」，而不是削減成本，才能讓蘋果公司擺脫困境獲得成功。因此他開始構思如何透過公司內外的人脈重建蘋果公司，首先他說服比爾・蓋茲投資 1.5 億美元入股蘋果公司，為的是請微軟公司協助開發軟體，因為微軟擁有一流的軟體人才。他把創新的概念融入品牌訊息中，推出了「非同凡想」（Think Different） 的宣傳口號，同時主打「來一台Mac」廣告，說服新客戶購買 Mac 而不是買一般的個人電腦。

他也把創新的概念融入新商品的開發中，他重用工業設計領域的天才強納森・艾維（Jony Ive）為蘋果公司的設計

總監，開發包括 Macbook Pro、iMac、MacBook Air、iPod、iPod touch、iPhone 和 iPad 等一系列新商品，奠定蘋果品牌的優勢地位。

蘋果在 2007 年推出的 iPhone 是最典型的代表作，它結合 iPod、手機、相機和觸控功能的特色，開創智能手機的新時代。不到 5 年，iPhone 成為蘋果最成功的產品和最大的獲利來源。除了 iPhone 以外，也開放 app 的設計給外界，並打造了 app store，成為另一項成功的商業模式和獲利來源，到 2018 年，app store 擁有 200 萬個 app。企業只有透過不斷的創新，才能在激烈競爭的市場中領先競爭對手。

打破傳統的太陽劇團

　　「太陽劇團」（Cirque du Soleil） 或稱「太陽馬戲團」在 1984 年 7 月 7 日由兩位前街頭藝人蓋伊・拉利伯特（GuyLaliberté）和吉爾・聖克羅伊（Gilles Ste-Croix）創立。在當時馬戲團表演風行全球，傳統的馬戲團向來都為了討好兒童，以動物表演為主。相反的，太陽劇團不願跟當時的龍頭老大玲玲馬戲團（Ringling Bros. And Barnum & Bailey）競爭，因此打破傳統，捨棄動物表演，改採劇場式表演。

　　太陽劇團每個節目都具有自己的中心主題和故事情節，以穿著華麗的人物飾演不同角色，表演各種特技，配合酷炫舞台、新奇道具和現場燈光、音樂，演出如詩如畫的節目，讓觀眾沉醉，結果空前成功。因此，太陽劇團也被定義為「具有新風格圓形劇場的當代馬戲團」。

　　從市場的角度來看，太陽劇團走出競爭的紅海，邁向無人競爭的藍海，使它的競爭對手不再是傳統的馬戲團，甚至沒有競爭對手，這就是韓國學者金偉燦（W. Chan Kim）和法國學者蕾妮・莫伯尼（Renée Mauborgne）合著的《藍海策略》（*Blue Ocean Strategy*）一書，以太陽劇團做為藍海策略最佳範例的原因。

藍海策略

　　《藍海策略》書中指出：「當前的全球化競爭日趨白熱化，大多數企業削價競爭，形成一片血腥紅海；想在競爭中求勝，唯一辦法就是不能只顧著打敗對手。成功的企業會在紅海中擴展現有產業邊界，創造出尚未開發的市場空間，形成無人競爭的藍海。」

　　藍海策略的基石在於「價值創新」，強調的是「價值」和「創新」同樣重要。因為沒有創新的價值，雖然可以改善價值，卻不足以在市場脫穎而出；而沒有價值的創新，雖然有創新，卻經常超過顧客能夠接受和願意花錢購買的程度。因此，只有創新與實用功效、價格和成本配合得恰到好處，才能達到價值創新。藍海策略的實際作法是採取「消除」、「減少」、「提升」、「創造」四個架構，以太陽劇團為例：

・消除：動物表演、明星表演、在觀眾席賣東西、多環表演場地。

・減少：趣味和幽默、驚險和刺激。

・提升：獨特的表演劇場、布景和道具。

・**創造**：富有主題的節目、藝術歌舞表演、優雅欣賞的氣氛、製作多套節目。

透過上述方式，太陽劇團因此能夠提升票價、控制成本、賺取龐大利潤，並開創無人競爭的新市場。

張忠謀談創新

　　藍海策略中主張的「價值和創新」，在台積電的經營上就是最好的印證。

　　張忠謀在 2017 年 4 月參加「經濟 50 論壇」演講中指出，創新對企業而言就是要能「創造附加價值」。

　　他強調：「創新的英文是 Innovation，根據英文字典解釋，就是 Make Change，也就是說創新不能只靠嘴巴講，要實際有行動改變。他也解釋，創新不是俗稱的 Idea，Idea 每個人每天都會有，但要實際可以改變才是創新。」

　　張忠謀認為，真正的創新是「商業模式的改變」，譬如麥當勞將速食連鎖化，提供快速便捷的服務；又譬如星巴克，改寫了美國咖啡文化，帶來了高價位咖啡；這中間多出的利潤，就是商業價值創新產生的結果。

　　其他如 Google、臉書、亞馬遜與阿里巴巴這些大型網路公司，同樣靠商業模式的創新，在市場上賺走多數的利潤。

　　他也以台積電為例，台積電打破傳統半導體公司的模式，首創晶圓代工，協助客戶生產晶圓產品，同樣創造出新的商業模式。

百視達 (Blockbuster) vs. 網飛 (Netflix)

　　雖然大多數公司將創新工作的重點放在新產品和新技術上，譬如製藥公司通常將其收入的 30% 用於研發上，但是這種創新投資回報難以預料；而亞馬遜、網飛等其他公司則通過「商業模式創新」來顛覆整個行業。

　　商業模式創新是一種更強大的創新形式，百視達未能在網飛崛起時調整其商業模式，結果走向破產，是一個值得警惕的故事。

　　百視達最早在 1985 年開了第一家錄影帶出租店，後來不斷的擴展，到 2004 年發展到高峰時期時，在全球擁有 84,300 名員工和 9,094 家出租店。網飛成立在 1997 年，最初的商業模式是透過郵寄出租和銷售 DVD，但在公司成立一年左右放棄了銷售，專注於出租業務。

　　網飛是採取按月訂閱單一收費方式，顧客租來的 DVD 無歸還限期、無滯納金、無運費和手續費；而百視達則採取按片出租收費方式，每片 DVD 租期不到一周，新片更短，而滯期未還罰款很重。

　　在 2000 年，當時網飛只有大約 30 萬用戶而且賠錢，因

此他們向百視達提議以 5,000 萬美元出售給百視達，但遭到百視達拒絕，百視達錯失了最佳成長機會。

結果由於筆記型電腦 DVD 用戶增加，到 2002 年網飛的業務量大幅成長，到 2007 年開始推展網路隨選串流影片業務，通過網路提供影片點播，從而脫離其原有的 DVD 出租核心業務模式。

造成網飛最後超越百視達原因有三： 1. 他們提供比百視達更多的電影選擇。 2. 他們建立一個稱為「電影匹配」（cinematch）的影片推薦系統，有顧客的觀看意見和評點，讓更多顧客可以參考。 3. 網路普及和寬頻讓影片下載速度變快且成本降低。因此到了 2009 年，網飛已可提供超過 10 萬部電影 DVD，而且訂閱人數超過 1,000 萬人。

相反的，百視達顧客大量流失，虧損擴大，終於在 2010 年宣布破產。百視達的失敗無疑是忽視了消費趨勢的改變，也忽視了網飛「商業模式創新」的影響力。

克里斯汀生的「破壞式創新」

網飛的成功也可以説是典型的「破壞式創新」。

破壞式創新是 1997 年，由哈佛大學商學院教授克雷頓・克里斯汀生（Clayton M. Christensen） 在其名著《創新者的兩難》（*The Innovator's Dilemma*）一書中提出的。

克里斯汀生把創新分為：「維持型創新」和「破壞性創新」二種。第一代的 iPhone 是「破壞性創新」，第二代以後的 iPhone 都是「維持型創新」。隨著創業環境的改變，他認為「破壞性創新」會成為企業決勝的關鍵。

而破壞式創新又可分為「新市場的破壞性創新」和「低階市場的破壞性創新」。

「新市場的破壞性創新」破壞者創造的是以往不存在的市場，譬如 Skype 推出網路電話，取代了傳統電話。

「低階市場的破壞性創新」是破壞者針對低階顧客提供「夠好的」產品，譬如西南航空以廉價航空侵蝕原有的航空市場。

克里斯汀生指出：「破壞」是指資源較少、規模較小的公司，能夠成功挑戰市場中的老大。通常他們是挑老大忽略的市場區隔，提供更好的功能、更低的價格，以取得立足點。市場中的老大剛開始都看不上眼，覺得蠅頭小利，因此也不以為意，沒有積極回應。等到越來越多顧客採用新進者的產品時，破壞就發生了。破壞一開始會先侵蝕既有業者的市占率，接著是侵蝕它們的獲利，這就是百視達倒閉的原因。

特斯拉的異軍突起

　　現在是商業模式創新最好的時期，因為技術進步已經使得許多新的商業模式成為可能，譬如 Airbnb 和 Uber。而且網路發達、跨越國界，也為商業模式創新者提供了「互聯網規模」，因此到 2018 年為止，Airbnb 可以拓展到 191 個國家，81,000 個城市；Uber 也達到 60 個國家，400 個城市。

　　此外，技術創新者也意識到他們需要採取商業模式創新才能獲得最大利益，譬如特斯拉（Tesla）就是。

　　特斯拉在初期採取了一種獨特的方法來推出它的電動車，它不是推出一般的大眾化轎車，而是採取了相反的方法，推出一款高性能電動豪華跑車 Roadster。

　　因為特斯拉的創辦人伊隆·馬斯克（Elon Musk）非常了解他們沒有製造技術、沒有規模經濟，只有創新商業模式一條途徑，才能和大汽車廠抗衡。結果，Roadster 一上市就轟動，特斯拉公司在 2012 年 1 月結束生產之前，售出了大約 2,500 輛 Roadster。

　　特斯拉在 Roadster 推出、打響品牌知名度以後，接著從銷售、維修和充電站三方面強化它的創新商業模式。

　　在銷售方面，和其他汽車製造商採取通過特許經銷商銷

售的方式不同，特斯拉採取直銷方式，在世界各地的著名城市設立展示中心，某些展示中心還結合畫廊在一起，預估目前在全球擁有 200 個展示中心。特斯拉還利用網路銷售，顧客可以在線上訂購想要的汽車。

在服務方面，特斯拉將許多銷售中心和服務中心相結合，提供車輛充電或維修。此外，在某些地區，特斯拉還成立了所謂的遊騎兵隊，可以到府維修。有時，根本不需要現場技術人員， Model S 可以無線上傳數據，因此技術人員可以上網查看和修復一些問題。

在充電站方面，特斯拉建立起一個充電站網絡，以解決採用電動汽車面臨的最大障礙之一：長途旅行充電。在充電站，駕駛員可以在 30 分鐘內免費為特斯拉車輛充滿電。

總結來說，特斯拉並沒有發明電動車或豪華電動車，特斯拉所創造的是一種成功的商業模式，可以將引人注目的電動車推向市場。

亞馬遜如何持續成功？

　　亞馬遜位於美國華盛頓州西雅圖，它被稱為世界上最大的互聯網零售公司。該公司最早是一家網路書店，但現在已經多元化銷售 DVD、軟體、電動遊戲、電子產品、服裝、家具、食品、玩具和珠寶以及自己的消費電子產品，如 Kindle 和 Echo。亞馬遜 2018 年淨銷售額約為 2,329 億美元，比 2017 年成長超過 30%。

　　亞馬遜的成功關鍵是「經常重塑商業模式」以適應不斷變化的環境。自 1995 年成立以來，亞馬遜已經多次改變其商業模式。

　　在成立之初，亞馬遜的經營採取「大量賣、少庫存」的商業模式。雖然它的網站提供超過 100 萬本書，但它實際上只有大約 2,000 種書的庫存。其餘的書是下單後再採購，亞馬遜只是將客戶訂單轉發給批發商或出版商，批發商或出版商然後使用亞馬遜的包裝和標籤將書直接寄送給顧客。

　　隨著亞馬遜業務規模的擴大，其倉儲中心變得比許多出版商或批發商的規模更大，因為它發現這些出版商或經銷商對顧客發貨速度太慢，因此亞馬遜在 2000 年左右將倉庫數

量大幅增加到 10 多個並開始配送它出售的大多數產品。

　　這個階段它把重點轉移到建立卓越的配送績效和高效物流的商業模式，客戶對它的訂單送達的速度感到驚訝。這樣的改變是因為：隨著網路零售業的成熟，光憑產品選擇性多已無法領先同業，而且同業也複製了「大量賣、少庫存」的商業模式，因此亞馬遜改採「大量賣、多庫存」的商業模式。

　　2006 年，亞馬遜進一步推出了一項名為「實現」（Fulfillment）的計劃，獨立賣家可以使用亞馬遜的倉儲網絡來下單，並將其物流委託給亞馬遜。在這種新商業模式下，亞馬遜基本上成為許多小型虛擬商店銷售商品的批發商。

　　2013 年，亞馬遜花費近 140 億美元建造約 50 個新的倉儲設施，推出了「當天送達」的新商業模式，讓整個配送系統更迅速、更完善。

　　今天的競爭優勢可能明天就過時，亞馬遜的成功就是不斷更新其商業模式以保持領先。

　　因此，你要如何成為下一個亞馬遜，而不是下一個百視達呢？就是需要不斷檢討你的商業模式是否過時或效率不佳，就如亞馬遜一樣，要隨時檢討，隨著時間的推移，因為技術變化、消費者口味變化以及全球化發展，曾經是有效的商業模式是否變得過時和效率不佳？一旦確定了效率不佳，就該改變原有的商業模式了。

CHPATER **3**

領導課
從領導力到組織修練

「同理心」是領導者重要的一個特質。經營管理的成敗在領導人，領導人的理念、風格、作為影響整個公司的績效。領導者必須重塑文化，創造能夠讓員工發揮所長的組織氣候和環境。

如果你看到一個小孩在街上跌倒後在哭……

　　薩蒂亞・納德拉（Satya Nadella）是印度裔美國人，生於印度海德拉巴，他在印度完成大學學業後，先後在美國威斯康辛大學和芝加哥大學取得電腦和商業管理二項碩士學位。最早在昇陽電腦公司工作，1992 年進入微軟，最後成為微軟企業暨雲端運算部門副總裁。在微軟工作了二十多年後在 2014 年成為微軟的執行長。

　　微軟公司是以視窗軟體起家，占有整個市場的 90％；但是到網路興起後，從 2008 年開始，個人電腦的出貨量開始衰退，搜尋引擎輸給 Google，智慧型手機、平板電腦落後蘋果，雲端和線上廣告也趕不上 Google 和亞馬遜，在面臨這種困境的狀況下，納德拉帶領雲端運算部門殺出重圍，創造佳績，因此被重用。

　　2018 年年底納德拉回到母校芝加哥大學商學院演講，演講中他回憶在他 25 歲時到微軟公司應徵，面試時被問道：「如果你看到一個小孩在街上跌倒後在哭，你會怎麼做？」納德拉以自己是工程師的立場思考是不是這問題裡有什麼玄機，是不是他漏掉了什麼演算公式，因此回答說：「這問題

有點棘手，我會打電話報警。」

　　結果那位面試官站起來把他送出門外說：「你在胡說八道！」然後他告訴納德拉：「如果你看到一個小孩跌倒，你就把他扶起來擁抱他。」納德拉說：「天哪，我幾乎崩潰了，因為我記得我正在想的是，我怎麼能不這樣做？」

　　納德拉最後因為在昇陽的工作經驗而被微軟錄取，但他對面試時答非所問還是記憶深刻。因此，納德拉認為具有「同理心」是領導者最重要的一個特質，這是他在 25 歲面試微軟工作時，他還沒有體會到的；但是經過多年以後，他體認到「同理心」對他現在的成功來說是非常重要的。

　　納德拉進一步指出，「同理心」只能通過你的生活經驗來體會，他說：「隨著你犯下的每一個錯誤，你都會發展出一種能夠通過別人的眼睛看到生活的感覺。」他認為「同理心」可以「讓你成為一個更有效的父母、更有效的同事和更有效的合作夥伴。」

　　創業容易，守成難。守成要靠好的經營管理。經營管理的成敗在領導人，領導人的理念、風格、作為影響整個公司的績效。領導人的特質和創業家不完全相同，你的公司領導人特質為何？

　　2019 年 2 月 26 日在巴塞隆那舉行的世界移動通信大會（MWC）中薩蒂亞‧納德拉受邀演講，他指出除了「同理心」以外，成為偉大領袖還必須具有以下三個特質：

1. 提供清晰方向

在面臨危機或混亂的時期，人們期望的是能夠提供清晰方向和幫助解決困難的人。納德拉說：「領導者擁有這種驚人、不可思議的能力，可以在晦暗不明的情況下找到方向。你不可以抱著不確定和模稜兩可的態度，那只會造成更加混亂。要成為領導者，你必須提供清晰方向。」

2. 創造能量

領導者必須對自己所做的事情充滿熱忱和熱情是非常重要的。納德拉說：「如果一個人走近你並說『我很棒，我的團隊很棒，但我身邊的其他人都很糟糕。』那個人不是領導者。你必須在你周圍創造能量，像一個最好的傳教士，讓周圍的人能夠追隨。」

3. 在任何條件下都能獲得成功

領導者可以克服各種困難和障礙而獲得成功。納德拉說：「你不能說『我在等待完美的天氣和星星完全對齊，然後我會向你展示我的才華。』這不是領導力！你必須在任何條件下都能獲得成功。」

誰說大象不能跳舞？

　　對於大多數人來說，現在最令人敬佩的公司是蘋果、Google、臉書、亞馬遜等；但對於在 90 年代工作的人來說，IBM 比任何人都想像的更大、更有影響力。

　　在 1990 年，IBM 還是有史以來最賺錢的一年，但到了1992 年，電腦行業發生了非常大的變化，受到本身規模龐大、企業文化保守以及 PC 時代的影響，IBM 正走向衰敗之路。

　　IBM 公司在當時擁有員工 30 萬人，但卻虧損了 160 億美元。它失去客戶的信任，客戶對品質不滿；而且市場應變速度慢，無法和小廠競爭。再加上跨單位之間協調困難，行銷和銷售配合不佳，業務績效的評估制度有問題。此外，還有一系列令人困惑的，甚至沒有意義的結盟。

　　IBM 的董事會了解，在這個危急的時刻，他們需要一個真正的「改變者」和「領導者」，而這個人不一定是科技界出身的人，因此他們鎖定了最早在美國運通公司 11 年、後來在雷諾‧納貝斯克（RJR Nabisco）食品公司 4 年都是擔任董事長兼執行長的路易斯‧葛斯納（LOUIS V. GERSTNER, JR），因為他成功的領導這二個公司改革和轉型。

　　可是在當時，輿論和許多商業分析師都認為 IBM 公司

的輝煌歲月已經過去，規模較小的公司可以更快的適應快速變化的科技世界，而像 IBM 規模的公司根本無法再競爭。因此，葛斯納起初仍抱持懷疑態度，沒有接受 IBM 公司的遊說，後來基於使命感，為了拯救在當時被認為是美國的偶像企業，終於接受了這項「重造 IBM」的艱困任務。

葛斯納在 1993 年 4 月出任 IBM 公司的董事長兼執行長，9 年後在 2002 年退休，成功的將 IBM 從瀕臨破產的邊緣拯救出來。葛斯納把讓 IBM 起死回生的故事寫成了一本書，書名是：《誰說大象不能跳舞？》（*Who Says Elephants Can't Dance?*）

書中指出，在上任前他和 IBM 的 50 位高階主管開會，在會議中他提出了他的期望：「如果 IBM 像人們所說的一樣官僚主義，讓我們快速的消除官僚主義。」

接著他提出了 5 個 90 天內的優先事項：

· 停止現金流失，IBM 快沒錢了。

· 確保公司在 1994 年獲利，讓員工恢復信心，認為公司已經穩定了。

· 制定並實施 1993 年和 1994 年的關鍵客戶戰略，為客戶的利益服務。

· 在第三季度開始時完成正確的組織調整。

· 制定中期的業務戰略。

此外，他提出他的領導管理原則如下：

- 我按原則管理，而不是程序。
- 市場決定了我們應該做的一切。
- 我非常相信良好、強大的競爭策略和計劃、團隊合作、績效回饋和道德責任。
- 我尋找那些致力於解決問題和幫助同事的人，開除在辦公室搞政治的人。
- 我積極參與戰略制定，至於執行是你的們的事。不要隱瞞不好的訊息，我討厭意外。
- 快速行動。即使錯了，也要錯在太快而不是太慢。
- 階級不重要。將委員會和會議減少到最低限度，讓我們坦誠、直截了當的溝通。
- 我不完全了解科技，我需要學習，但不要指望我嫻熟，事業主管要用商業名詞解釋給我了解。

葛斯納的「IBM 再造」工程，包括了以下 4 點：

1. 把公司整合在一起：過去 IBM 以銷售硬體為主，未來 IBM 定位為「可以應用複雜技術來提供客戶解決問題的公司」，因此把硬體、軟體和服務結合在一起。

2. 精簡組織：裁撤不必要的單位，合併不同功能、相同客戶的單位，裁員 3.5 萬人。

3. 作業流程再造：重新規劃作業流程，1994-1998 年流程再造共節省了 95 億美元。

4. 出售非重要資產籌集現金：出售私人飛機、紐約總部、藝術收藏品和承攬政府合約的事業部。

同時，他也下了 2 個賭注：

‧ **對於公司的未來發展**：加速公司在服務和中介軟體的發展。

‧ **對於產業的未來發展**：網路普及會成為趨勢，大膽擁抱工作站和電子商務。

結果，在葛斯納的改造下，IBM 的營收從 1993 年的 627 億美元，到 2001 年成長到 859 億美元；損益從 1993 年虧損 35 億美元，到 2001 年獲利 77 億美元；每股盈餘從 1993 年 -3.55 美元，到 2001 年為 4.35 美元；因此，股價從 1993 年的 12.72 美元，到 2001 年成長到 120.96 美元，成長了 9.5 倍。

文化不僅僅是遊戲的一個面向

　　葛斯納認為，真正讓 IBM 起死回生的關鍵是「文化」，不是資產負債表的改善。他知道大型企業的企業文化很難改變，尤其是 IBM，但為了讓大象跳舞，就必要先從改造 IBM 的文化著手。首先，他提出了 IBM 的企業信念有 3 條：

「我們所做的一切都是卓越的」
「優質的客戶服務」
「尊重個人」

　　其次，他列出了 IBM 的員工信條有 8 點：

・市場是我們所做事情的背後動力。
・我們的核心：我們是一個對品質至上承諾的科技公司。
・客戶滿意和股東價值是我們衡量成功的主要標準。
・我們依創業型組織運作，減少官僚作風，對生產力的追求永無止境。
・我們永遠不會失去我們的戰略眼光。

・我們抱著緊迫感思考和行動。

・傑出、敬業的人才能使這一切發生，特別是當我們成為團隊一起工作時。

・我們對全體員工的需求以及我們所在的社區都非常關心。

這些企業信念和員工信條，就是人人都要遵行的準則。

葛斯納提到，改革需要一支強大而經驗豐富的領導團隊，並在員工中創造一種推動公司前進的急迫感；而這一切的成功都歸結為人：良好的領導力、良好的管理和良好的態度是 IBM 戲劇性轉變的主要因素。

他說：「在我來到 IBM 之前，我可能會告訴你，文化在任何組織的組成和成功中，只是其中幾個重要元素之一，還有願景、策略、行銷、財務等等。但是當我在 IBM 時，我才體會到，文化不僅僅是遊戲的一個面向，它就是遊戲。」

「總結來說，一個企業只不過是人們創造價值的能力集合體。傑出的客戶服務、團隊合作、卓越、誠信和股東價值等價值觀並未轉化為所有公司的相同行為。員工的行為受企業文化的影響，而不是來自約定的價值觀或書面政策。成功的企業幾乎總是發展強大的文化，強化那些使企業偉大的元素。它們的出現反映了它的環境，當環境發生變化時，文化很難改變。事實上，它成為該企業適應能力的一個巨大障礙。」

因此，憑著過去的經驗，把你的公司帶到目前狀況的因

素並不一定可以把你的公司提升到下一個新的層次。儘管改變成功的文化可能很困難，但你不能停留在一個已經過時且無法持續增長和成就的文化中。領導者必須重塑文化，創造能夠讓員工發揮所長的組織氣候和環境。

改變 Google 和史密特命運背後的人

　　2017 年 12 月 21 日艾立克‧史密特（Eric Emerson Schmidt）宣布卸任 Alphabet Inc.（Google 的母公司）執行董事長的職位，這個職位他是從 2015 年開始擔任，在之前從 2001 年到 2011 年 10 年間他在 Google 擔任執行長，他也曾是蘋果公司董事會成員。

　　史密特早期曾經擔任昇陽電腦公司的技術長、企業總裁以及 Novell 公司的執行長。2001 年 3 月 Google 創始人賴利‧佩吉（Larry Page）和謝爾蓋‧布林（Sergey Brin）在創投家約翰‧杜爾（John Doerr）和麥可‧莫里茲（Michael Moritz）的建議下，聘請史密特擔任 Google 的董事長，並在同年 8 月兼任執行長。

　　世人很少知道，在 2004 年 Google 準備在 8 月公開上市前，史密特一度想要辭職，原因是一些董事會成員一直在考慮從外面羅致一位新的董事長，因此他們希望史密特辭去董事長職務，只擔任執行長。

　　史密特感覺受到傷害，因為他自覺在他擔任董事長兼執行長的三年裡自己做得很好，他贏得了創始人和員工的信

任，而且公司表現得非常好，現在他們即將上市，卻要把他從董事長職務去除，讓他產生不被重視而想離開 Google 的念頭。

　　但是有一個人扭轉了他的心態，改變了他的想法，讓他留了下來。這個人告訴他：「在這個關鍵時刻，你不能離開，團隊需要你！」這句話讓史密特拋棄了自尊，辭去董事長職務，接受公司只讓他擔任執行長的安排。

　　改變史密特想法的人，是矽谷的一位傳奇人物比爾・坎貝爾（Bill Campbell）。他是美國 Intuit 公司的前董事長，曾任蘋果公司董事，也是 Google 公司的顧問。他和賈伯斯、賴利・佩奇以及史密特都有深厚的關係。此外，這位商界天才也指導了許多重要的領導人，從企業家到創投家，從教育工作者到足球運動員，他在 2016 年去世。

　　比爾・坎貝爾認為團隊獲勝必須是最重要的事，團隊成員必須隨時準備互相幫助，並為了共同利益而犧牲自己。因此，在 2004 年，坎貝爾正確的評估為了 Google 的首次公開募股，如何組建公司以及史密特辭去董事長職位的想法。

　　他知道史密特受傷了，但他也知道球隊需要他留下來；他還認為，在可預見的未來，史密特仍然是公司董事長的最佳人選。因此他打電話給史密特，他提出了合理的妥協方案：讓史密特先退下來，等 Google 上市塵埃落定，再恢復董事長的職位。他告訴史密特：「這不是今天的鬥爭，你的驕傲正在阻礙公司和你的最佳利益。」

史密特知道坎貝爾是對的，他毫不懷疑坎貝爾能夠實施他所提出的建議，所以同意了，於是他卸任董事長的職位並繼續擔任執行長。後來，在 2007 年，他被重新聘任為董事長兼執行長。

在坎貝爾提出妥協方案的時候，對於將來還要恢復史密特的董事長職位，並沒有得到所有董事的同意，但他只是知道這對公司來說是正確的事情；並且，作為公司教練，他必須發揮影響力來做正確的決策。

坎貝爾的建議，讓 Google 和史密特獲得了雙贏。

一兆美元教練的指導原則

　　史密特退休以後，出了一本書《一兆美元教練》（*Trillion Dollar Coach*），在這本書中他揭露了上述的祕辛，該書也採訪了坎貝爾認識和喜愛的 80 多人，談論坎貝爾的指導原則如何幫他們創建更高績效和更快速應變的文化、團隊和公司。史密特認為他替這些公司創造的絕不只一兆美元的價值，應該超過二兆美元。

　　許多人好奇：「Google 擁有那麼多了不起的人才，他們為什麼需要教練呢？」這就是坎貝爾的最大魅力和價值，他凝聚了團隊共識。雖然團隊合作對每家公司都非常重要，但是，在自我和野心相當高的科技公司中，要將團隊聚集在一起比一般公司要困難得多。

　　坎貝爾是 Google 球隊的教練，他打造他們、塑造他們，將正確的球員放在正確的位置，為他們歡呼，並在他們表現不佳的時候鞭策他們。正如他經常說的那樣：「如果沒有團隊，你就無法完成任何事情。」這在體育界顯而易見，但在商業界卻經常被低估。

　　坎貝爾的指導原則是「團隊是最重要的，每個人應該以

團隊優先。除非每個成員都忠誠，否則團隊不會成功。」

坎貝爾認為領導力始於信任，信任來自關心你的員工。企業可以是無情的，特別是在追求利潤和效率方面，但注重人性也是必要的。你必須關心你的團隊，了解他們的家庭，和部屬建立深層的關係。

史密特接受 CNBC 電視台採訪說：「每個企業都需要一個決策者，坎貝爾的教導是在任何情況下都能獲得最佳結果。因此作為執行長的工作不是做出共識決定，而是要做出所有團隊成員的最佳決定，這意味著雖然執行長應該給團隊成員表達觀點的機會，但最終執行長必須決定最佳選擇。換句話說，當會議有爭論時，你並不是試圖讓每個人都同意多數人的觀點，而是讓每個人都思考：『什麼是最佳選擇？什麼是最好的？』這就是我們用來管理 Google 的紀律。」

有了好的領導人，建立強有力的文化，還要有好的經營團隊，好的經營團隊最重要的是具有團隊精神。

傑克・威爾許的「致勝」祕訣

　　2016 年，由剛當選美國總統的唐納・川普創立的商業論壇，邀請了一位商業奇才就經濟問題提供策略建議，這位被邀請的人就是傑克・威爾許（Jack Welch）。

　　傑克・威爾許在 1981 年到 2001 年，擔任奇異（GE）公司的董事長兼執行長，這段期間他擴大了公司規模，營業額從 1980 年（他接任前一年）的 268 億美元，到 2000 年（他離開前一年）成長為 1,300 億美元，使奇異公司的市值從 140 億美元大幅增加到 4,100 億美元，奇異公司成為最受尊重的企業，而威爾許也成為有史以來最傑出的執行長之一，《財富》（*Fortune*）雜誌在 1999 年封他為「20 世紀最佳經理人」。

　　威爾許領導奇異公司成功的最大關鍵在於他只留下在每個產業中排名第一或第二的公司，其他就淘汰掉；因此奇異公司原有數百個事業單位，被縮減到不到 20 個事業單位。

　　其次，從 1996 年起他開始採用摩托羅拉「六標準差」（6-Sigma）計劃，提高製造業的生產率和推動管理變革，結果將奇異產品的不良率降低到千萬分之 34。

此外，他致力於精簡組織，採取大幅裁員，奇異員工人數由最高時的 41 萬人裁減到 23 萬人，裁員率高達 40％。

威爾許在退休以後出版了一本名為《致勝》（*Winning*）的書，他認為致勝和獲利是企業最重要的社會責任，因為致勝和獲利的企業才能夠回饋社會並擁有最快樂的員工。

致勝的要訣是「坦誠」。威爾許說，老闆必須先坦誠，自己以身作則，然後鼓勵他人。因為在大多數企業中，人們都不會表達他們的意見和想法。

他推動「實作」（Work-Outs）會議來實現這個目標，他把 30 到 100 名員工組合起來討論公司的機會和更好的做事方式；關鍵是「實作」會議是沒有主管參加的員工會議。

主管只會在一開始出來，並承諾員工會立即回答 75％他們在會議中提出的建議和想法，剩下的 25％會在一個月內提出解決辦法。

透過「實作」會議迫使主管要馬上回覆員工的提議，允許員工說話而不必擔心遭到指責。因此，「實作」會議導致生產力大幅提升。

鼓勵員工坦誠，就會帶來創新。他說：「你想要那些抓住創意、分享創意，透過創意讓公司成長的人。如果你的公司裡有一種心態，每天都在尋找一個更好的主意，不僅僅是一個口號，而是一個真實的概念，那你將一直在創新。」

同時，對於提出創新的人他也會大大的鼓勵，他舉了一個例子：奇異在 80 年代初以 10.99 美元的價格推出了節能

燈泡，它沒有大賣，因為時機未到，這個產品經過十年把成本降低才獲得成功。但公司為了獎勵冒險和創新，他送給整個團隊（大約 120-160 人）新的電視機，並讓他們前往迪士尼樂園玩一周，以及公開表揚。

　　致勝的另個要訣是「用人」，威爾許的用人是採取「20-70-10 法則」，把一個公司裡的員工按照績效加以差異化分類：

　　20%是全明星和 A 級球員。讓他們感受到被愛、擁抱他們，為他們做一切，給他們鼓勵、培養、升遷和優越報酬。

　　70%是平均水準。需要努力保持他們的積極性，告訴他們需要做什麼才能進入前 20%。

　　至於 10%是表現不佳。告訴他們他們在底部 10%，告訴他們他們的缺點是什麼，告訴他們在接下來的幾個月裡，我們將共同努力，讓你在正確的地方。如果沒有改進，要求他們離開。

　　威爾許認為一個好的主管固然要懂得聘用好的人才，但也要敢開除不適任的人。

　　致勝的最後要訣是將奇異公司轉變為「學習型組織」，威爾許投入經費將原有企業內的教育中心改造為克頓維爾（Crotonville）管理學院，許多中高階主管都到過此學院學習。

第五項修練

　　未來最成功的團隊將會是學習型組織，因為唯一能長久依靠的優勢，就是比你的競爭對手學習的更快。而彼得‧聖吉（Peter Senge）的《第五項修練》（*The Fifth Discipline*）一書無疑就是學習型組織的最佳典範。

　　2005 年底，《金融時報》（*Financial Times*）針對全球商業領袖做了一項調查，從二十餘萬本商業管理的書中，選出二十多年來最具影響力的書，高居榜首的就是彼得‧聖吉的《第五項修練》。彼得‧聖吉被譽為是領導全球「學習革命」的先趨，他所談的「第五項修練」，就是系統思考。

　　聖吉認為系統思考是學習型組織的「基石」，企業和人類的各種活動，都是一種系統，彼此相關、相互影響，因此你不能片段的思考，而要從整體變化去看事情。

　　《第五項修練》提到，組織團隊每個人智商都在 120 以上，然而集體的智商卻只有 62；另外 1970 年代《財星》雜誌列名的前 500 大企業，到 80 年代僅留下三分之二，最主要的原因是組織充滿了許多學習障礙，因而趕不上外在的變化。

　　組織的學習障礙很多是本位主義，造成思想狹隘，把責

任歸罪於外在因素，而且缺乏整體和長期的思考，只專注於個別和短期發生的事件。最嚴重的是不願正視威脅，而且對緩慢的致命威脅習而不察。

最典型的例子是「溫水煮青蛙」的故事：如果把一隻青蛙直接放入滾燙的水中，青蛙會立即感受到燙而跳出來；但如果把青蛙放入冷水中慢慢加熱，青蛙會因為很舒服，沒有警覺而被燙死。企業也是如此，如果一昧的沉迷緬懷在過去成功的經驗中，必然走向衰敗。

聖吉指出，只有那些能夠迅速有效適應外在挑戰的組織才能在自己的領域或市場中脫穎而出。為了成為一個學習型組織，必須具備兩個條件：第一、組織的設計必須能夠達到預期的結果，第二、當發現組織最早設定的方向和預期結果不同時，必須馬上能夠調整和改變。

第五項修練談的是系統思考，亦即從片段看到整體的能力，能夠掌握結構層次的洞察力。每個組織都是由較小的單元組成，非常類似於拼圖。企業學習者必須理解整個系統，以及所涉及的各個單元之間息息相關的行為。

除了第五項修練之外，還有其他四項修練：

第一項修練：自我超越

企業學習者必須培養終身學習的觀點，重視並理解持續成長的重要性。透過不斷釐清願景和現況，讓兩者之間的差距形成創造性的張力，不斷超越自己。

第二項修練：改善心智模式

心智模式是一種簡化的假設，隱藏在人們的心中，不易被察覺和檢視。企業學習者必須能夠通過自我反思來評估他們當前的認知，並不斷測試新的理論和方法以推翻過去的假設和限制。

第三項修練：建立共同願景

共同願景為組織共同努力的最高目標，簡單的說：我們想要創造什麼？大家一起來描繪未來的景象。有了衷心渴望實現的目標，大家會努力學習、追求卓越。

第四項修練：團隊學習

透過深度匯談和知識共享，企業學習者能夠與同伴分享訊息來加深自己的理解，每個人都受益於團隊的專業知識和技能。

有效的學習型組織分享上述這 5 個共同特徵，他們促進終身學習和持續合作，促進整個團隊的成功。

U 型理論

　　企業無法不受社會和環境的影響，我們所處的世界正在面臨巨大的變化，全球面臨人口老化、飢荒、貧困和污染等問題，彼得‧聖吉指出：「如果地球繼續被破壞，人類有一天會走向滅絕之路。」而人類如果沒有自覺，災難迫在眉睫。因此他思索能否發展一套新的思維，喚起當代政府、企業和各行各業的領導人集體覺醒，為人類前途共同努力。

　　因而繼《第五項修練》之後，聖吉和奧圖‧夏默（Otto Schamer）等人推出了《修練的軌跡》一書，書中提出了新的主張：「U 型理論」（U Theory）。

　　自美國哲學家杜威以來，教育學者一直認為，我們向過去學習，透過行動和反省的循環，產生新的行動。但是，U 型理論卻提出了另種不同的學習過程。

　　如果過去是未來的良好指針，向過去學習當然不成問題。但是，今天我們面臨的變遷不但快速，而且全新，這時靠著過去前進，會讓我們看不見未來的變局。因此，U 型理論主張我們應該向未來學習，才能創造改變的力量。

　　U 型理論要我們拋棄傳統的思維，向自我的內心思索，找到問題的根源。一切的解決之道，源於人的自覺。企業也

是如此，應該要從學習型組織，轉變為自覺型組織。

同時，U 型理論強調個人或集體應該和更大的世界建立「共同創造」的關係。聖吉說：「自我與世界有著無法逃避的連結關係；自我不是被動的回應外界現實，也不是在孤絕的狀態下創造新的事物。相反的，就像大樹的種子，自我是新世界誕生的一扇門。」的確，唯有自我改變，世界才會改變。

U 型理論是從 U 的左側移動到 U 的右側，它分為三個階段和七個歷程：

第一個階段「感知」（sensing）

觀察、觀察、再觀察。對於外在環境的變化，要以全新的眼光去觀察和感知。此階段修練的是「擱置」和「轉向」的能力。

‧擱置（suspension）：把自己舊有的經驗和思考模式擱置一旁，試著用新的眼光看事情。這個歷程，讓你保持空間，聽聽生活中的一切要求，包括傾聽自己、傾聽別人的聲音，讓別人也有說話的空間。

‧轉向（redirect）：轉移思考方向，將注意力由外在的環境轉入內在的內心世界。這個歷程，讓你全心全意的自省。

第二個階段「自然呈現」（presencing）

讓內在領悟湧現。必須以更開放的心胸，更深入的內心

觀省，來思考未來的發展。此階段修練的是「放下」和「接納」的能力。

　　·**放下**（letting go）：放下既定的想法或執著，不再拘泥過去，如此才能接收新的意念或想法。這個歷程，讓你擺脫過去的認知模式。

　　·**接納**（letting come）：打開內心世界，用嶄新眼光看事物，讓未來自然湧現。這個歷程，讓你開放心靈與未來連繫。

　　第三個階段「實現」（realizing）

　　立即行動。必須以開放的意念，把內心對未來的領悟付諸行動。此階段修練的是「清晰化」、「建構原型」和「體制化」的能力。

　　·**清晰化**（crystallizing）：讓自然湧現的意念變得更清晰，設定願景與願力。這個歷程，讓你強化意念，獲得力量。

　　·**建構原型**（prototyping）：將願景與願力具體化，成為原型，作為可以實踐的行動方案。這個歷程，讓你建構未來的藍圖。

　　·**體制化**（institutionalizing）：原型在經過不斷的溝通和修正，產生共識，透過行動來創造成果。這個歷程，讓你整合你的腦、心、手和腳，立刻採取行動。

　　U 型理論強調的是：當我們在內省的過程中，在 U 的底部，把「放手」（放棄我們的舊我和自我）和「接納」（接受我們最高的未來自我）連繫在一起，我們開始自我更新，就會產生「自然呈現」，亦即新的感悟出現。一旦超過這個門檻，個人和整體開始以更高的能量向未來的無限可能運作。

　　其實 U 型理論重視的內省能力，和儒家「知止定靜安慮得」的哲學思想不謀而合，而聖吉所標榜的「和世界建立共同創造的關係」也就是東方「天人合一」的觀念。未來的企業和領導者都需要善盡社會責任，成為環境的保護者。

管理課
從工作效率到有效管理

人與事，要從有效自我管理開始。管理是一種程序，必需從
領導、組織、計劃、協調到考核，周而復始，努力不懈。從
自我進而到整個組織的管理都是如此。

艾森豪矩陣
(Eisenhower Matrix)

「最緊急的決定很少是最重要的決定，最重要的決定也很少是最緊急的決定。」這是美國艾森豪總統的名言。

艾森豪是美國的第 34 任總統，從 1953 年到 1961 年任期兩屆。在他任職期間，他推動的計劃包括了：美國州際公路系統的發展、互聯網的推出（DARPA）、太空探險（NASA）以及和平利用替代能源（原子能法案）。

在成為總統之前，艾森豪是美國陸軍的五星級將軍，在第二次世界大戰期間擔任歐洲盟軍的最高指揮官，負責規劃和執行北非、法國和德國的反擊。

此外，他也擔任過哥倫比亞大學校長，並且成為北約的第一任最高指揮官，閒暇時喜歡打高爾夫球和畫油畫。

艾森豪的傳奇不僅因為他的成就，還因為他的工作和管理方法特別有紀律和效率，「艾森豪矩陣」就是他最著名的一個簡單的決策工具。

「艾森豪矩陣」，又稱為「優先矩陣」，是一套處理事情優先順序的法則，可協助人們依緊急性（urgent）和重要性（important）的程度來處理工作。

```
┌─────────────┬─────────────┐
│             │             │     緊急
│     3.      │     1.      │
│  緊急／不重要  │  緊急／重要   │
│             │             │
├─────────────┼─────────────┤     不緊急
│             │             │
│     4.      │     2.      │
│ 不緊急／不重要 │  不緊急／重要  │
│             │             │
└─────────────┴─────────────┘
```

艾森豪矩陣

※ 運用「艾森豪矩陣」可以排出我們工作的優先順序，提高工作效率。

　　緊急性是具有時間敏感的，非馬上處理不可，譬如下午
3：30 快到了，需要在銀行匯款；或是客戶來電話，要馬上
接。緊急任務逼使我們要馬上反應，因此在匆忙狀況中往往
無法深思熟慮，甚至會讓我們做出糟糕的決策，事後還要想
辦法彌補。

　　重要性是有助於我們的使命、價值觀和目標，它影響未
來的發展，譬如推出新產品、開發新市場。重要任務具戰略
性，我們必須要投注心力好好的計劃和推動，絕對不能掉以

輕心，也不可拖延推諉。

　艾森豪威爾矩陣有四個部分，你可以使用這些部分對你面前的工作進行分類：

　·**緊急而重要**（Urgent and important）：*必須優先處理。*

　·**重要但不緊急**（Important, but not urgent）：*列入工作進度表，稍後處理。*

　·**緊急但不重要**（Urgent but not important）：*委派別人去做。*

　·**不重要也不緊急**（Not important and not urgent）：*不處理，不要浪費時間和精力。*

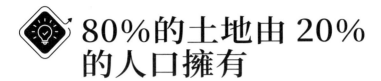80%的土地由 20% 的人口擁有

艾森豪矩陣其實是「80/20 法則」的實務應用版。

「80/20 法則」又稱「帕列托法則」（Pareto Principle），它最早在 1897 年由義大利經濟學家帕列托（Vilfredo Pareto,1848~1923）所發現。帕列托觀察到義大利大約 80%的土地由 20%的人口擁有；然後，他對其他各個國家進行調查，結果發現也有類似的分布現象。

自從帕列托提出財富集中在少數人手中的 80/20 法則後，世人才逐漸明白原來我們的社會普遍存在這種分配不均衡的現象，譬如：

20%的輸入創造了 80%的結果。
20%的人員完成了 80%的工作。
20%的客戶創造了 80%的收入。
20%的功能導致了 80%的使用率。

類似的情形也出現在我們對工作的處理態度上，20%的努力創造了 80%的成果。因此，我們如何花最少的力氣，得

到最大的效果？那就是找出關鍵的 20%，然後善用這部分，並將多數的資源分配給它運用。

譬如在業務管理方面，你必須思考：誰是你的重級消費者或 VIP 客戶？誰是你的高績效明星員工？那一個是最值得開發的市場？又譬如在投資方面，那些投資在你的投資組合中可以為你帶來最大的獲利貢獻？

由於每件工作的重要性不同，如果我們還是依照自己的認知、偏好與經驗來決定工作的先後順序，而不是從整體的觀點對工作事項先做好分類，再進行處理，那麼最後可能的結果是在時間壓力下，將重要的工作草草處理、交差了事，因此，我們有必要依重要程度來安排工作的處理順序。

想像你站在紐約 1,360 呎高的雙子星摩天大樓上……

　　現代人生活在一個繁忙、充滿壓力的環境中，時間永遠不夠用。有一本《時間鎖》（*Time Lock*）的書中形容：人們的時間就像全面癱瘓的高速公路一樣，塞滿該做和不該做的事、動彈不得，對於真正想做的事也找不出時間來做了。

　　由於我們無法掌控時間，因此也無法掌控生活；無法掌控生活讓我們變得焦慮不安和不快樂。

　　《打開成功的心門》（*The 10 Natural Laws of Successful Time and Life Management*）作者海藍・史密斯（Hyrum W. Smith）指出：要讓人們的內心得到平靜，首先就必須了解自己的「核心價值」。

　　所謂「核心價值」，指的是你心目中最重要的事。也就是說，如果你沒弄清楚那些事對你來說重要，那些事對你來說不重要，那你不論如何管理時間，都是沒有意義的。

　　海藍・史密斯是「富蘭克林時間規劃公司」的創辦人，他在舉辦研討會的時候經常舉一個例子：

　　想像你站在紐約 1,360 呎高的雙子星摩天大樓上，在二棟高樓的樓頂之間有一條 120 呎的橫樑，天空飄著小雨、風有點大，然後他對著學員說：「如果你願意在 2 分鐘之內從橫樑這一端走到另一端去，就給你 100 美元。」結果沒有人願意。事實上，他把籌碼加到 1,000 美元、10,000 美元甚至 100,000 美元，都沒有人答應。

　　現在他把劇本改一下，他說：「假設你有一個 2 歲大的女兒，被我綁架了，我告訴你你不馬上走過來的話，我就把她扔下去。」

　　當劇本改變，整個現場的氣氛大變，學員突然了解：當劇情變得非常個人化的時候，個人的價值觀就呈現得非常清楚，人們為什麼會冒著生命危險走過橫樑？為了自己摯愛的人！金錢固然寶貴，但生命無價，何況對一個 2 歲的孩子的愛是無可比擬的。

　　透過這個練習，我們可以很清楚的了解：什麼是我們生命中最重要、最有價值的？我們的核心價值是什麼？了解了核心價值，你就知道你人生的優先順序，在做決定時也不會猶豫了。

10 條自然法則

　　海藍‧史密斯在《打開成功的心門》的書中提出了「成功時間和生活管理的 10 條自然法則」，他把這 10 條自然法則分為二部分：

第一部分：管理你的時間

　　‧**你藉由控制自己的時間來控制自己的生活**。一般人陷入兩個常見的時間謬誤：第一個謬誤是認為你未來還有更多時間，另一個謬誤是認為你有辦法節省到時間。實際上，你已經擁有了所有的時間，未來也不可能有多餘的時間。時間就是金錢，你必須掌握你的時間，才能掌握你的生活。

　　‧**你的核心價值是個人成就的基礎**。你生命中最重要的是什麼？事業、財富、健康、親情、友情……，你最重視那一個？每個人的答案都不同，每個人都不一樣。你必須找到自己的核心價值並依據它們來排定優先順序，規劃你的日常活動。

　　‧**當你的日常活動反映出你的核心價值時，你會感受到內心的平靜**。內心的平靜就是發現對你最重要的東西，並為此做些什麼。你可以採取以下 4 個步驟：(1) 列出你的核心價

值。(2) 把核心價值轉化為希望實現的目標。(3) 為了實現長期目標，設定中期目標。(4) 根據中期目標設定日常工作。

‧**要達到任何重要目標，你必須離開你的舒適區。**人們傾向於安逸和安全的生活，因此離開舒適區非常困難。但是為了達到設定的目標，你就必須放棄這些舊的舒適模式，因為目標和現狀一定是有衝突的，如果你對現狀感到滿意，你就不會設定新的目標了。

‧**每日計劃讓你善用時間提高效率。**每天早上花 10 到 15 分鐘計劃你的一天，計劃重點如下：(1) 選擇一個不會分心的地方思考。(2) 日常工作必須和目標保持一致。(3) 不要計劃太多的活動，確保當天能夠完成。(4) 工作內容應該很明確。(5) 預期可能遇到的障礙，想好如何處理的方式。(6) 排定工作的優先順序。

第二部分：管理你的生活

‧ **你的行為反映了你的真實信念。**除非符合自身的利益，否則人們不會改變原有的行為。我們的行為來自我們的信念，譬如你相信「吸菸導致肺癌」，你就會拒絕吸菸。

‧**當你的信念符合事實時，你的需求就得到滿足。**我們的行為是為了幫助我們滿足基本的需求，包括：生活的需求、愛和被愛的需求、受到尊重的需求以及體驗多樣性的需求。如果你的信念是正確的，你的行為就能夠滿足你的需求。

・**藉由改變錯誤的信念來克服負面行為**。正確的信念會產生積極的行為，錯誤的信念則會產生負面的行為。要克服負面行為，你必須用正確的信念取代那些錯誤的信念。

・**自尊最終必須發自內心**。當你尋求他人的認可時，你會受到壓力，表現出違背你核心價值的行為，因為你的行為是為了符合他人的價值觀而不是你自己的。你的自我價值不能基於你自己之外的任何東西，對自己感覺良好對內心的平靜至關重要，自尊一定要發自內心。

・**給予更多，你將擁有更多**。樂於和他人分享，不管是知識或財富，同時樂於為他人服務。當你這樣做時，將會產生很多好處，並且讓自己的心靈更富足。

 # 自我提升

　　1997 年海藍‧史密斯創立的「富蘭克林時間規劃公司」和史蒂芬‧柯維（Stephen Covey）創立的「柯維領袖中心」（Covey Leadership Center）合併成為「富蘭克林柯維公司」，二人合作的目的是透過教育訓練讓個人與企業能夠跨越巔峰。

　　史蒂芬‧柯維本身也是一個非常成功的教育家，更是暢銷書《與成功有約》（*The Seven Habits of Highly Effective People*）的作者。《與成功有約》在全球銷售了 2,500 萬本，《時代》雜誌稱柯維是 20 世紀最有影響力的 25 人之一。

　　柯維認為《與成功有約》是一本自我提升的書，柯維指出：我們看世界的方式完全基於我們自己的看法。為了改變既有的情況，我們必須改變自己，為了改變自己，我們必須能夠改變我們的看法。因此柯維極力主張我們必須打破傳統、打破舊觀念，才能建立全新的觀點。歷史上重大的科學突破都是如此，譬如：哥白尼提出了太陽才是宇宙的中心，而非地球；哥倫布提出了地球是圓的，而非平的。

　　改變觀念才能改變行為，儘管人們的習慣牢不可破，但只要改變觀念，自然而然就能打破舊習慣。

高效人士的 7 個習慣

　　柯維在《與成功有約》書中研究成功人士的特質，他發現成功人士都具有非常有效的習慣，因而他提出了「高效人士的 7 個習慣」，這 7 個習慣如下：

1. 積極主動、操之在我

　　人必須為自己負責，我們有能力採取主動，為自己創造有利的機會和環境。我們的語言能夠反應我們對環境的態度，積極的人不會說「我辦不到」。他們身體力行、信守諾言，努力擴大影響力。

2. 以終為始、確立目標

　　我們必須一開始就確立人生的目標，才不會讓努力白費。而且要非常清楚你生活的重心為何？為家庭？為金錢？為工作？為名利？為信仰？…最好是能夠堅持自己的原則，從整體的角度，兼顧到不同的需求。

3. 重要優先、掌握重點

　　忙要忙得有意義，因此要能分辨事情的輕重緩急，重要

的事優先處理。做好時間管理，設定目標，安排進度，有條不紊的處理。同時要懂得授權別人，透過別人完成任務。

4. 雙贏思考、利人利己

人和人相處，不一定是你輸我贏、你弱我強的狀況，其實大家可以都是贏家。為了建立良好的相互依存關係，我們必須致力於創造互惠互利、滿足各方的雙贏局面。

5. 雙向溝通、設身處地

在我們提出建議，提出解決方案或以任何方式與他人有效互動之前，我們必須透過傾聽來深入了解他人和他們的觀點。只有我們先了解別人，然後才能被別人理解。

6. 相互合作、集思廣益

我們要敞開心胸，捐棄己見，廣納別人的建議。透過眾人的腦力激盪和合作參與，可以發揮強大的威力。

7. 持續更新、均衡發展

我們必須花時間在身體上、精神上、心理上和社交上持續不斷的更新自己。在身體上透過運動、營養讓自己更健康。在精神上，放鬆、放下，滌除心靈的塵埃。在心理上，透過閱讀、寫作、自我教育讓心理更充實。在社交上，與人為善，幫助別人，讓自己成長也更成熟。

彼得・杜拉克談「有效管理」

　　要提高生產力，在個人來說追求的是工作效率，就組織來說追求的是有效管理。彼得・杜拉克（Peter Drucker）在《有效的管理者》（*The Effective Executive*）書中指出：

　　「**效率**」（efficiency）是「把事做對」（to do things right）的能力。

　　「**有效**」（effectiveness）是「做對的事」（to do the right things）的能力。

　　因此，對企業來說，「做對的事」比「把事做對」更為重要。

　　彼得・杜拉克被稱為現代管理學之父，榮獲美國布希總統授予最高榮譽自由勳章，並且獲得英美歐各大學 25 個榮譽博士學位，著作多達 41 本，發行遍及全球 130 多個國家，涵蓋管理、經濟、政治及社會學等各方面。

　　他最受推崇的是在管理學方面的原創概念，包括了「目標管理」、「顧客導向」、「知識工作者」、「後資本主義

社會」等。他的著作注重在人與人之間的關係，充滿了關於組織如何能夠在人們身上發揮最佳作用的論述。

早在 1966 年彼得・杜拉克就預測社會的重大變化將由資訊所帶來，他認為知識已經成為不分地域的核心資源。因此他提出：未來最大的工作者將是他所謂的「知識工作者」。

在《有效的管理者》書中他更進一步指出：現代組織中的每個知識工作者都是管理者，而管理者做事必須有效。唯有對組織真正有貢獻，才算是有效。唯有從事於「對」的工作，才能使工作有效。知識工作者必須自己引導自己，朝向績效和貢獻，即必須引導自己朝向有效。

彼得・杜拉克認為有效是可以學的，而且也是必須學的。有效不是天生俱來的，而是一種學而後能的本領。一個人的才能，唯有透過有條理、有系統的工作，其所作所為才能有效。能力、創意及知識，都是我們重要的資源，唯有「有效」才能將這些資源轉化為成果。

有效管理者的 5 種心智習慣

在《有效的管理者》書中，彼得‧杜拉克提到管理者缺乏「有效」的現實因素在於：

‧管理者的時間很容易會變成「屬於別人的時間」。

‧管理者除非能夠毅然改變生活和工作的現實因素，否則將被迫忙於日常作業。

‧管理者本身處於一個「組織」之中。只有當其他人利用管理者的貢獻時，管理者才能展現其成效。

‧管理者經常專注在「內部的問題和挑戰」，而沒有看到外在環境。

因此，他提出了有效管理者應該具備以下 5 種心智習慣：

1. 時間管理

有效的管理者知道他們的時間花在什麼地方，他們所能控制的時間至為有限，他們會有系統的工作，來善用這有限的時間。因此，他們採取以下 3 個步驟：(1) 紀錄時間：以明

白時間花在哪裡。(2) 管理時間：減少「非生產性」活動所占用的時間。(3) 集中時間：集中可支配的零碎時間，成為「整批時間」。然後，利用這些完整的時間來完成一些重大的工作。當然管理者也必須針對每一項重大工作都訂定一個完成期限。

2. 重視貢獻

有效的管理者重視對外的貢獻。他並非為工作而工作，而是為成果而工作。他首先會問：「期望我有什麼成果？」而非一開頭就考慮應做的事，或一開頭就探究工作的技術和工具。有效的管理者，注重貢獻，他會把眼光朝向目標，而不是放在工作上，他強調的是責任。

3. 重視長處

有效的管理者重視「長處」，包括自己的長處、上級主管的長處、同事的長處、部屬的長處以及環境情勢的長處。他們重視「能」做的是什麼，而不介意缺點。他們不會從自己所「不能」的地方開始。有效的管理者能使人發揮其長處，他知道要達到成果，必須用所有人的專長而非其弱點：用其同事之所長、用其上司之所長、用其本身之所長。這些人的長處，才是真正的機會所在；發揮人的長處，才是組織最獨特的目的。

4. 專注進行最重要的事情

有效的管理者集中精力於少數主要的領域，會為自己設定優先次序，而且堅守其設定的優先次序，專注進行最重要的事情，亦即「何者當先則先之。」此外別無它途，否則必將一事無成。有效的管理者做事時必定「先做最重要的事」（first things first），而且「一次只做一件事」（do one thing at a time）。

5. 作有效的決策

有效的管理者必須作有效的決策，他們需要好的決策，而不是巧的決策。一項有效的決策，必須是在「議論紛紛」的基礎上作成的判斷；而不是在「眾口一詞」的基礎上作成的判斷。真正不可或缺的決策，數量必不多，但必屬基本性的決策。有效的管理者不做太多的決策，他們所做的都是重大的決策。

彼得・杜拉克的結論是：缺乏有效，無法創造績效。要想提高管理者的業績、成就和滿足，唯一的路徑，就只有靠提高有效性。如果我們無法有效的自我管理，我們便無法有效的管理他人。有效管理者的自我發展，是個人的真正發展；它促使我們由「技巧」、「程序」培養成「態度」、「價值」、「品格」和「承諾」。

CHPATER 5

決策課
從聰明抉擇到理性判斷

不管對個人對企業都是轉捩點。從聰明抉擇到理性判斷,在決策中直覺固然很重要,但是也需要理性的判斷,必需跳脫原有的思考框架。

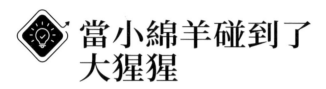 當小綿羊碰到了大猩猩

　　凱瑟琳・凱莉（Kathleen Kelly） 在紐約曼哈頓的上西城經營一家由母親傳承給她的的獨立書店「街角書坊」，這是一家充滿了人情味的小店，店裡只有她和她的三位助理：喬治、柏蒂阿姨和克里斯汀娜。

　　但是有一天，在店的對面開了一家大型的連鎖書店「福克斯書店」（Fox Books），書店大而寬敞，充滿輕鬆和友善的氣氛，喬・福克斯（Joe Fox）被派來經營這家他的家族在曼哈頓開的新店。

　　「福克斯書店」的開幕嚴重的影響了「街角書坊」的生意，「街角書坊」的生意越來越差，凱瑟琳的員工紛紛離去，克里斯汀娜準備另找工作，喬治在福克斯書店的童書部找到工作，而柏蒂阿姨選擇了退休。最後開了 45 年的「街角書坊」還是吹起了熄燈號，凱瑟琳被迫離開了她心愛的書店。

　　在競爭對手出現到被迫關店的這段期間，凱瑟琳鬱悶的心情無法抒發，只好在網路上找人聊天，她使用「小店女孩」的用戶名稱登入她的《美國在線》電子信箱，在「30 以

上」的聊天室裡她遇到了一位叫做「紐約 152」的用戶，其實這個用戶的真實姓名就是喬‧福克斯，她的競爭對手。

在現實生活中，她痛恨喬‧福克斯，可是在網路上他們卻成為親密的筆友。第一次他們約見面時，喬發現了原來凱薩琳就是他一直在網路上互動的對象，起初他決定不和她碰面，但後來他決定在不揭曉自己的網路身分下和凱薩琳見面，但反而加深了雙方的衝突。過了幾天，他還是在網路上向凱薩琳道歉因有事無法赴約，並持續和凱薩琳保持互動，但一直欺瞞著凱薩琳自己的真實身分。

經過一連串的誤解和衝突之後，在現實生活中喬去拜訪凱薩琳，他們逐漸化解了彼此的心防，凱薩琳對喬產生了好感。最後他們在網上相約第二次在公園見面，當凱瑟琳發現她網友的真實身分原來就是喬時，凱薩琳自己也了解到她自己是愛著喬的。

這其實是 1998 年美國的一部浪漫喜劇電影《電子情書》（*You've Got Mail*）的情節，由湯姆‧漢克斯（Tom Hanks）和梅格‧萊恩（Meg Ryan）主演。

撇開杜撰的愛情故事來說，在現實的生活中我們的確會面臨女主角凱薩琳的困境，當有一天「小綿羊碰到了大猩猩」：一家小店碰到了一家大企業連鎖店的競爭，你如何面對，如何作決策？你要關門還是繼續營業？若不關門，你要如何面對競爭？

又譬如，你和女友去夏威夷度假，結果碰到颱風要來，

你們開始感到緊張，究竟應該留下來，還是回家？如果留下來而颱風來了，那麼你們的假期就泡湯了，而且得冒著生命危險；如果離開，你們就得損失休假的其餘時間，而且旅館能否全額退費、回去機票買不買得到都是問題。

諸如此類，在人生的路上，不管是升學、就業、戀愛、結婚、生子、教育、投資、理財、旅遊、退休、就醫等等，不管我們碰到的是困難或機會、問題或挑戰，我們都必須做下決定，我們的決策決定了我們的人生。

PrOACT 決策方法

　　某些決定很簡單，譬如今天穿什麼衣服去赴宴，買什麼禮物送母親，或到那裡去度假。但大多數的決定很複雜和困難，它們可能不會單獨影響你，它們會影響你的家人、朋友、同事以及許多其他已知和未知的人。

　　做出決定是一項基本的生活技能，然而做出重大決定則不容易。大多數人都害怕做出重大的決定，因為重大的決定隱藏很高的賭注和嚴重的後果，牽涉到很多複雜的考慮因素，因此在做重大決定前，我們都會經歷焦慮、困惑、懷疑、害怕、猶疑的過程，也因此會不斷拖延，遲遲無法決定。

　　在約翰・哈蒙德（John S. Hammond）、羅夫・基尼（Ralph L. Keeney）和霍華德・賴法（Howard Raiffa）合著的《聰明抉擇》（*SMART CHOICES*）書中，他們指出：「成功的決策在於你如何做決定，透過完整的決策過程可以讓你做出正確的選擇」，因此他們提出了「PrOACT 決策方法」，Pr 是 Problem 問題、O 是 Objective 目標、A 是 Alternatives 選擇方案、C 是 Consequences 後果、T 是 Tradeoffs 權衡，因此根據以下 5 個步驟可以幫助人們做出重大的決定：

1. Problem 問題

首先，你必須面對問題，大多數人對於問題都是採取逃避的態度，但是逃避不能解決問題，因此你要釐清你的真正問題是什麼？你需要做什麼決定？譬如你交不到朋友，是因為太胖還是內向，如果是太胖，是否要想辦法瘦身？如果是內向，是否要參加一些訓練或團體活動？你需要一開始就想清楚你的問題。

2. Objective 目標

接著，你必須把問題轉換成目標。你要瘦身，那要在多久時間要瘦多少公斤？你設定的目標要很明確。目標的設定會給你的決定一個引導的方向，你必須問你自己最想要達成的目標是什麼？它和你的興趣、價值觀、理想抱負或顧慮和恐懼都有關。

3. Alternatives 選擇方案

要達到你的目標，你有那些不同的行動方案可以選擇？假設你要在 3 個月內瘦 5 公斤，你要採用何種方式？運動、飲食控制還是吃健康食品或看醫生？若是運動，你要自己運動，還是加入健康俱樂部或瘦身中心？自己運動是多走路或買運動器材來練？若是控制飲食，你要自己處理或請教營養師？若是吃健康食品，你要吃那一類？若是看醫生，你要看西醫還是中醫？

4. Consequences 後果

接下來你要了解採取每個行動方案的後果。你的行動方案是否能達到你的目標？如果你選擇自己運動，每天要走路走多久或在跑步機跑多久才能達到效果，能否持之有恒？如果加入健康俱樂部或瘦身中心，能否負擔得起費用？諸如此類，你要坦誠的評估每種行動方案的後果，這將有助於你決定那一個方案最符合你的目標。

5. Tradeoffs 權衡

當你決定採取某一行動方案時，你就面臨權衡的問題。做某件事會和做另件事衝突，因此你需要取得平衡；有時必須犧牲一些，以得到另一些。譬如你要運動，可能就要早起，犧牲睡眠時間；或你利用晚上時間運動，就要犧牲看電視或其他娛樂活動。若要飲食控制，就不能大吃大喝，並且要拒絕零食和甜點的誘惑。在大多數複雜的決策中，沒有辦法得到一個完美的選擇，不同的行動方案實現不同的目標，你的任務是在不完美的可能性中做出最明智的選擇。因此，你要權衡你的需求，排出優先順序，做出最後決定。

除了上述 5 個步驟以外，《聰明抉擇》還告訴你決策時要注意以下 3 件事：

1. 釐清你的不確定性

未來會發生什麼，它有多大可能性？譬如你女兒要申請美國大學，你要決定需要為女兒的大學教育準備多少錢？同時，你必須評估一些不確定因素，包括：她會申請私立大學或州立大學？她會被錄取嗎？她的學科、社團活動或運動技能是否可以為她贏得獎學金？她想在學習期間工作嗎？她需要住校或租屋嗎？不確定性使選擇變得更加困難。但要做有效的決策，你必須面對不確定性，判斷不同結果的可能性並評估其可能的影響。

2. 仔細考慮你的風險承受能力

當決策涉及不確定性時，你期望的結果可能會變成不是實際的結果，因此你要仔細考慮你的風險承受能力。譬如癌症病人進行骨髓移植可能會、也有可能不會消除癌症；又譬如對高收益債的投資碰到金融風暴也可能導致重大財務損失。人們對風險的容忍程度各不相同，了解你願意接受風險的程度，將使你的決策過程更加順暢和有效，因為它幫助你選擇你可以忍受的風險程度的行動方案。

3. 了解相關的決策

你今天的決定可能會影響你明天的選擇，同樣，你明天的目標也會影響你今天的選擇。因此，許多重要的決定都和時間有關。譬如你是建商，你可能決定現在購買土地，以免

未來土地漲價；或者你明年要建房屋，現在先逢低購進鋼筋材料。因此你做決定時要了解，還有那些決策和現在的決定有關。

有時候你自認為已經做了一個明智的決策，但突然有新的變數產生又會讓你陷入兩難的抉擇中。

 零和遊戲

　　有一位朋友送他的女兒去上私立幼稚園快一年了，有一天他和他太太聽到朋友提起，政府有設立一家非營利機構的幼兒園，在那兒不分年齡的幼兒混班上課，學習一些平常的生活技能，孩子們都很快樂，而且費用很便宜，但是申請的人非常多，需要抽籤決定。他們聽了以後非常心動，剛好舊學期要結束，新學期要開始，因此他們就抱著姑且一試的態度申請看看，結果非常幸運的一抽就中。

　　抽中了以後，他們反而開始煩惱，是否這個決策是正確的？原來他們女兒去上的這個私立幼稚園當初也是經過精挑細選才做決定的，最大的特色是有美語教學，但是新的學校則完全沒有美語教學。雖然私校費用很貴，他們也負擔得起，而且女兒上了一年也已經適應了，並且交了一些朋友，現在如果把女兒換到新的環境，就需要從頭適應起。

　　在人生中我們往往也會碰到這種狀況，原先已經做好的決定，因為新的變數產生，讓我們陷入兩難的困境。這種兩難困境往往是零和遊戲，也就是你選擇 A 必須要放棄 B，魚與熊掌不可兼得。

　　在商場上，企業也常面臨兩難困境，是否退出現有產品

或開發新產品？是否對競爭對手採取降價或採用新的行銷策略？ 一個公司的訂價決策可能受到競爭對手公司的訂價選擇或決策的高度影響，以英特爾（Intel）和超微（AMD）的價格競爭為例：

英特爾和超微是半導體市場中的競爭對手，兩者都在爭奪更大市場占有率。英特爾首先採取行動，在桌上型電腦和手機晶片上開始降價，超微馬上跟進採取類似的降價政策。

這場價格戰導致兩家公司的銷售額和產品出貨量大幅增加，這代表市場的需求擴大，但是相對二家的利潤減少。

經過一段時間的降價競爭後，市場趨於飽和，因此，他們就必須選擇是否相互合作保持較高的價格以維持利潤，或者他們要繼續採取降價而兩敗俱傷。

零和遊戲是屬於「賽局理論」（或稱博弈論）中研究策略行為的工具，它希望根據競爭對手的行動和反應來決定公司的最佳行動，它讓你了解你的策略將如何影響你的競爭對手、客戶和供應商。經濟學家也經常使用「賽局理論」來理解寡頭壟斷企業的行為。

「賽局理論」的焦點是競賽，它是理性參與者之間互動情境的模式。「賽局理論」的關鍵在於：一個玩家的回報取決於其他玩家實施的策略。在商業中，「賽局理論」有利於模擬企業之間的競爭行為。企業往往有幾個不同的策略選擇，影響他們獲利的能力。

 囚徒困境

　　並不是每一種賽局都是零和遊戲，「囚徒困境」是賽局理論中非零和遊戲最著名的模式之一，它說明了為什麼二個完全理性的人基於自私的理由彼此不合作，也可說個人的最佳選擇並非團體的最佳選擇。以下是一個典型的假設案例：

　　共同犯罪的兩名囚犯 A 和 B 被分隔在不同的房間接受訊問，檢察官沒有足夠的證據證明有罪，除非有人承認，因此他給他們二個選擇：承認或保持沉默。同時開出條件如下：

　　・如果囚犯 A 承認而 B 保持沉默，A 獲得自由，B 判刑 10 年。

　　・如果囚犯 A 保持沉默而 B 承認，A 判刑 10 年，B 獲得自由。

　　・如果兩名囚犯均保持沉默，他們每人將判刑 6 個月。

　　・如果兩名囚犯都承認，他們每人判刑 2 年。

　　如果囚徒 A 和 B 彼此合作，堅不吐實，保持沉默，可為二人帶來很好的共同利益（刑期縮短為 6 個月），但在無法溝通的情況下，因為出賣同夥（即承認）可為自己帶來最

大利益（無罪開釋），因此彼此出賣雖違反共同利益，反而是自己最大利益所在。

　　以中美貿易戰來說，也是典型的「囚徒困境」。他們在關稅協議上有二個選擇：一是彼此都提高關稅，以保護自己的商品（背叛），二是與對方達成關稅協定，降低關稅以利各自的商品流通（合作）。但是若有一國因某些因素不遵守關稅協定，而獨自提高關稅（背叛）時，另一國也會作出同樣反應（亦即背叛），這就會引發關稅戰，導致二國的商品失去了對方的市場，對本身經濟也造成損害（共同背叛的結果）；然後二國只好重新談判來達成關稅協定。

 決策樹 （Decision Tree）

　　大多數的決策問題是多階段的，在做完第一個決策以後，會面臨到第二個情況出現需要做出決定。例如，公司可能會為了新產品的推出立即面臨製造生產的決定，然後在產品上市一段期間後可能要決定是擴大還是縮小產量。因此在做第一個生產決策時就要考慮未來生產規模的可能性。如果投資在初期的生產費用不高，但未來擴產成本很高，就要在一開始就想清楚。

　　由於某些決策問題比較複雜，尤其是需要多階段決策時，會讓思緒感到混亂而無所適從，因此決策樹可以透過樹狀圖幫助人們釐清面臨問題的結構。它根據每種結果發生的可能性繪製出所有的結果，並客觀的評估每一個結果的概率和預期值。

　　預期值＝（每個可能的結果）×（結果發生的概率）。

　　例如，你在進行二個項目，如果某個項目價值 0 美元的可能性為 50％，另項目價值 100 美元的可能性為 50％，那

麼預期價值為 50 美元（0×50% ＋ 100×50% ＝ 50）。再以一家公司正在考慮生產新產品為例，有以下的選擇：

在生產之前，公司可以花 300 萬元做廣告，廣告後假設產品生產出來並銷售，它將產生 1,000 萬元收入，生產成本 200 萬美元，因此利潤將是 500 萬元（1,000 － 300 － 200 ＝ 500）。

如果廣告做了，產品取消生產，不但沒收入，還會損失廣告費 300 萬元（0 － 300 － 0 ＝ － 300）。

如果產品沒有廣告就銷售，它將產生 400 萬元收入，因為生產成本為 200 萬元，所以利潤為 200 萬元（400 － 0 － 200 ＝ 200）。

如果產品沒有廣告也沒有生產，那麼利潤將為 0 元（0 － 0 － 0 ＝ 0）。決策樹的圖形可以繪製如下：

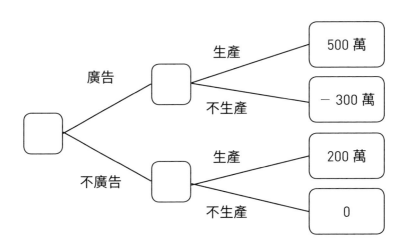

根據決策樹的評估，可以得到的結論是：最佳選擇是先做廣告再生產和銷售，可以賺 500 萬；最差結果是做了廣告沒有生產，無法銷售，賠了 300 萬。

當然，你還可以再細分化，譬如做了廣告銷售如預期成功，因此可以淨賺 500 萬；但如果做了廣告銷售不如預期，產品只銷出去一半，結果是不賺不賠（500 萬收入－300 萬廣告費－200 萬成本＝0）。以此類推，會因發生概率的不同而有不同的結果。

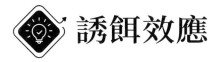 誘餌效應

　　在做決策的過程，人們都認為自己是理性的，其實人類的思考和行為往往是不理性的。這種不理性，並不是任何隨意的錯誤，相反的人們的行為有可預測的模式，人們往往被自己的直覺和衝動所誤導而不自知，而且會一再犯錯。

　　行為經濟學家丹・艾瑞利（Dan Ariely）在《誰說人是理性的》（*Predictably Irrational*）的書中提到一個例子如下：

　　某天他在上網瀏覽時，偶然間在《經濟學人》的網站上看到一份《經濟學人》的訂閱方案廣告。第一個訂閱方案是網路版，訂價 59 美元，看來很合理。第二個訂閱方案是雜誌版，訂價 125 美元，看起來有點貴，不過也算合理。但是，第三個訂閱方案是雜誌版加網路版，也是訂價 125 美元。他讀了兩遍感到納悶，既然網路版加雜誌版的價格和雜誌版的一樣，有誰想要只訂雜誌版？

　　剛開始他以為雜誌版訂閱方案可能是個排版錯誤，但他繼而一想，他發現《經濟學人》倫敦總部的那些聰明人其實是想左右人們的選擇，因為一般人會選擇較便宜的網路版訂閱方案，但如何讓人選擇較貴的網路版加雜誌版訂閱方案呢？ 他們要如何左右人們的選擇？最簡單的方式就是讓人

以為賺到了！網路版加雜誌版的價格和雜誌版的一樣，表示網路版是免費的，那讀者就賺到了 59 美元，因此一般人都會選擇合訂版。

艾瑞利指出人類的思考和行為有一個特點：人類必須透過「比較」才能做決定。因為人們內在並沒有一把價值量尺，告訴人們事物的價值為何。人們了解的是事物之間的「相對優勢」，並以此來估計價值。譬如，我們不知道一部六汽缸的汽車要多少錢，但是我們假設它比四汽缸的汽車來得貴。另外，艾瑞利也發現為何要把三樣東西放一起，而不是只有二樣東西做比較？因為二樣東西做比較，一眼就分出高下。聰明的商人會把三樣東西擺在一起讓人做比較，而其中一樣東西是誘餌。作為誘餌的商品並不打算銷售，而是拿來促進其他商品的銷售，譬如它比其他幾乎相同的商品價格高得多，因此顯得其他商品相對便宜。

以《經濟學人》的訂閱方案來說，如果只拿網路版訂價 59 美元和雜誌版加網路版訂價 125 美元來比較，一般人大多選網路版，因為便宜很多。但是加上雜誌版訂價 125 美元作誘餌，大多數人會轉向選合訂版，因為感覺更為划算。

同時當有三樣商品、三種價位做選擇時，一般人會傾向選擇次高價的商品，因為會認為品質不差而價格實惠。譬如一家餐廳能靠著推出昂貴菜色，誘使顧客點次貴的菜餚。電器廠商推出三種訂價的不同品牌電視機，結果中價位的最好賣。艾瑞利的結論中指出，人們不但傾向拿事物來互相比

較，也傾向於注意容易相互比較的事物，而避開不容易比較的事物，因此人們的思考和行為其實是不理性的。

　　人們不理性的思考和行為，除了上述因比較而掉入誘餌效應的陷阱外還有很多，在《誰說人是理性的》書中還提出了一些人們常見的不理性狀況：

先入為主的觀念，讓我們失去客觀的思考

　　黑珍珠並沒有那麼值錢，鯊魚軟骨素並沒有那麼神奇的功能，我們的認知受到宣傳的影響，產生先入為主的觀念。我們看到事物的第一印象就會烙印在我們心裡成為定錨，定錨會影響我們對事物的判斷。平時人們覺得名牌化妝品很貴，因此當名牌化妝品在母親節打 9 折時就會造成搶購。

無法拒絕免費的誘惑，因為免費，結果花了更多錢

　　不要錢的最貴！你原來不需要買東西，收到了 500 元生日免費券，結果買了超過 2,500 元的一堆東西。又譬如在網上訂購商品，2,000 元以上免運費，結果為了湊滿 2,000 元，又多買了一些原本沒有計畫要買的東西。免費看起來沒有風險，也不會因失去而惋惜，因此免費使人們失去戒心，讓人們因免費而花了更多錢。

太執著擁有，讓人失去理智

　　人們喜歡擁有，一旦擁有就捨不得失去。譬如杜克大學

有一個受歡迎的體育項目，但門票有限，根據艾瑞利調查，買到門票的人平均不願意以低於 2,400 美元的價格出讓，但沒有門票的人平均只願意支付 170 美元購買。因此，艾瑞利得出的結論是，我們擁有的東西對我們來說比對其他人更有價值。喜歡收藏東西的人，有時候會太執著擁有，不計一切代價的收購自己想要的東西。

為了更多的選擇，浪費更多成本

人們恨不得有更多選擇，譬如買汽車時要附加更多的額外配備和功能，讓孩子們參加一些並不一定是讓他們感興趣的課外活動。追逐毫無價值的選擇是不合理的，也是代價高昂的，因為每項選擇都需要花費成本：時間、金錢、精神、精力……等等。

預期心理會改變我們對事物的的評價

譬如在試飲中把品牌遮掉，盲測結果百事可樂比可口可樂好喝，但是當消費者看到他們喝的是那一種品牌時，則認為可口可樂比百事可樂好喝。這是因為品牌的偏好讓我們認為某品牌的品質應該會優於另個品牌，因此預期心理就會影響人們產生錯誤的判斷。

當我們理解人們的思考和行為其實是不理性的，因此我們可以提高警覺來約束或協助自己，從非理性的決策當中，建立一個相對理性的決策，以提高決策的品質。

CHPATER

6

行銷課
從創新品牌到成長駭客行銷

技術跟著科技的變化而轉變，儘管爆品行銷已成為互聯網時代新的行銷利器，但品牌價值的創造仍是商品能否長銷的關鍵。提供創新品牌的行銷策略，是新創與所有企業必需重修的一門課。

Lululemon：一個成功 創新的機能性運動服 飾品牌

Lululemon 透過一流的商品和活動創造龐大的忠誠顧客群。Lululemon（中文譯名「露露檸檬」）由齊普·威爾森（Chip Wilson）於 1998 年在加拿大溫哥華成立。初期 Lululemon 在白天是一個設計工作室，晚上則是瑜伽教室，到 2000 年 11 月才改成一個獨立的商店，開始銷售瑜伽服。由於擁有許多熱情的的忠誠顧客群，到 2018 年 Lululemon 的營業額高達 26.4 億美元，全球擁有大約 400 家專賣店，遍布美國、加拿大、英國、日本、中國等國家。2017 年 10 月 Lululemon 也在台北新光三越信義新天地 A8 館開設了全台第一家專賣店。

Lululemon 的成功祕訣來自於以下 6 點：

1. 找到一個新的利基市場

隨著樂活、慢活主義的興起，消費者越來越重視休閒與健康，因此 Lululemon 最早是從瑜伽服飾切入，鎖定了一

個新興的、特定的利基市場，大力提倡瑜伽運動，因此造成在過去 20 年來，參加瑜伽、彼拉提斯（Pilates）、尊巴舞（Zumba Dance）、新兵訓練營（Boots Camp）和混合健身（Crossfit）等運動的人數激增，使得運動休閒和穿運動服作為休閒服的趨勢變得越來越受歡迎，Lululemon 因而在這個新的利基市場建立起領導品牌的地位。

2. 提供高品質的產品

Lululemon 從一開始就非常講究服飾的材質，設計具有透氣、吸濕排汗，而且兼具外型時尚、既好穿又好運動特點的服飾。此外，它每一種款式的庫存都很少，又經常更新樣式，因此讓顧客永遠都有新的選擇，也造成顧客因為害怕缺貨而搶購的心理，讓它可以不必打折就可售出大部分的服飾。

3. 工作人員成為顧客的夥伴

大多數在 Lululemon 工作的人員都是喜歡運動和熱愛健身的人，他們也穿著運動服，讓顧客感覺他們是可以信賴和興趣相同的人。因此，他們把顧客當夥伴，和顧客成為好友，他們會很高興的和顧客談論瑜伽和健身目標的設定，而不只是介紹他們的產品。鼓勵員工和顧客建立關係，是 Lululemon 能夠擁有那麼多忠誠顧客的最大的原因。

當顧客想試穿的時候，店員會詢問他們的姓名，引導他

們進入其中一個房間，當門關起來時，店員會在門上白板寫下顧客的姓名，根據顧客的需要來回拿不同尺寸、顏色和設計的衣服讓顧客試穿，並且會主動詢問更多問題，了解顧客的需求並提供意見，讓顧客真正感到滿意。

4. 提供免費瑜伽課程

除了平日運行的會員俱樂部之外，Lululemon 的專賣店在周六和周日都會舉辦免費瑜伽課程，Lululemon 把它的商店定位為「健身與聊天中心」，讓顧客可以經常上門，透過顧客的參與強化對品牌的認同。

5. 聘請健身教練和運動員作為品牌大使

Lululemon 選擇和耐吉（Nike）、愛迪達（Adidas）、彪馬（Puma）、銳跑（Reebok）等大型品牌不一樣的行銷策略，它不花大錢請名人代言，相反的，它在每個地區聘請 20 位最受尊敬的瑜伽老師、私人教練或健身領導者作為品牌大使，請他們到店內教瑜伽，提供免費的服飾給他們，並把他們的專業照片放大懸掛在店內，幫他們宣傳，達到雙贏的目的。

6. 推出勵志標語購物袋

Lululemon 非常了解它的顧客是屬於積極追求健康生活的人，他們的目標是「每天運動出汗」，還有喜歡深呼吸、

多喝水和戶外活動。因此 Lululemon 推出印有勵志標語的購物袋，這些標語代表品牌和顧客的共同價值觀，帶來非常積極和健康的形象，結果大受歡迎。

　　總結來說，Lululemon 的成功在於和顧客建立親密的關係，提供一流的產品、服務和消費體驗，讓顧客參與、和顧客互動，造成口耳相傳，並懂得如何將其產品和激發顧客的價值觀相連，因而建立起獨特的品牌優勢。

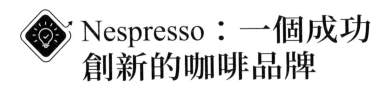

Nespresso：一個成功創新的咖啡品牌

Nespresso 透過完美行銷組合打造成功商業模式。 Nespresso 成立於 1986 年，是雀巢集團的一個子公司，該公司總部設立於瑞士洛桑，主要產品是膠囊咖啡機和特殊鋁質咖啡膠囊。

Nespresso 名稱由雀巢 Nestlé 與濃縮咖啡的義大利文 espresso 組合而成。它的最大特點在於推出咖啡膠囊，Nespresso 的咖啡膠囊由鋁紙製成，其內部由一層食品保護膜來隔離鋁紙與咖啡的接觸。當膠囊被放入咖啡機中時，膠囊上端被鑽孔，從而咖啡機開始運作，加熱過的水通過高壓被注入咖啡膠囊中，因而馬上沖出一杯香濃咖啡，對消費者來說非常便利。

Nespresso 的構想最早始於 1976 年，雀巢的員工埃里克・法弗爾（Eric Favre）發明了專利，設計一套可以做出相當於一杯濃縮咖啡量的的咖啡膠囊，雀巢公司預測該市場存在巨大的潛力，因此瑞士的跨國集團將 Nespresso 系統引入瑞士的商業市場，在咖啡館、酒吧、酒店和公司中銷售，但並未獲得成功。

到 1988 年在新任總經理朗保羅・蓋拉德（Jean-Paul Gai-llard）的帶領下，徹底改變 Nespresso 的行銷策略，放棄商業市場，改為進攻家庭市場，結果獲得了空前的成功，打開了瑞士、法國、義大利、日本和美國市場，並不斷的擴大。目前在 76 個國家銷售，全球員工超過 13,500 人，2018 年營業額高達 91.4 億瑞士法郎。

Nespresso 的成功最主要是採用了完美行銷組合，打造成功商業模式，讓消費者得到完美的體驗。它的方法如下：

1. 建立一個獨占的封閉銷售系統

Nespresso 有各種規格的咖啡機，最重要的是它的機器是專為咖啡膠囊而設計，購買它的機器就要購買它的咖啡膠囊，就像買拍立得相機只能使用它的軟片一樣，而且 Nespresso 的用戶必須加入它的俱樂部來取得咖啡膠囊，因此它是一個獨占的封閉銷售系統。

・**推出不同規格的咖啡機**：Nespresso 的咖啡機都是由內部研發，然後透過 8 個合作廠商開發並生產，外型時尚精美，連續得獎，包括 9 個著名的紅點（Red Dot）設計獎和 2 個 iF 產品設計獎。

Nespresso 目前擁有超過 60 種型號的咖啡機，分為普通、中等、大和特大等 4 種規格和各種顏色，讓顧客可以自由選擇。

．**提供種類豐富的咖啡膠囊**：Nespresso 的咖啡膠囊種類豐富、色彩鮮豔、琳瑯滿目，讓人產生收集的衝動。Nespresso 咖啡膠囊不同顏色代表不同種類的咖啡。

它的咖啡膠囊以 Grand Crus 為單位，24 Grand Crus 和 22 Grand Crus 為家庭用，15 Grand Crus 為戶外用。咖啡口味也分為烈、濃、原味、淡、低卡和其他等，同時每年還會推出限量版的新口味。

．**銷售相關的配件**：Nespresso 除了銷售咖啡機、咖啡膠囊以外，還銷售相關的配件。配件的種類也很多，包括了杯子、托盤、碗、勺子、糖、各種巧克力和餅乾、除垢劑、香味蠟燭等。

．**採取會員制**：為了防止競爭，Nespresso 咖啡機只能使用 Nespresso 的咖啡膠囊，而且消費者一定要加入 Nespresso 成為會員，才能通過 Nespresso 的官網或者去 Nespresso 專賣店購買咖啡膠囊。

這個封閉式的商業理念和市場上的印表機廠商相同（你買它的印表機只能用它的配件和碳粉），而且它讓 Nespresso 能夠獨家制定咖啡膠囊的價格，使一杯咖啡膠囊的價格高於用咖啡濾紙製成的咖啡的 3 倍。

加入 Nespresso 成為會員的好處包括了：可以在網上快速輕鬆的訂購產品、可以獲得有關 Nespresso 產品系列的更多訊息、有任何問題或建議可以獲得咖啡專家的回覆，而且可以閱讀 Nespresso 電子雜誌。此外如果你的機器壞掉了，

公司會先借給你一台機器，直到你的機器被修好。此外它也提供空的鋁質膠囊回收服務，善盡環保責任。

2. 建立一流的品牌形象

　　Nespresso 透過了廣告宣傳、專門店、專櫃、快閃店、街頭廣告、戶外廣告、裝置藝術等，建立了一流的品牌形象，也帶給顧客難忘的體驗。

　　·**廣告宣傳**：2005 年，Nespresso 邀請喬治庫隆尼（George Clooney）作為品牌廣告的代言人獲得了巨大的成功，替 Nespresso 建立了非常深刻的印象。

　　·**專門店**：Nespresso 到 2017 年底在全球有超過 700 家專門店，這些專門店被打造成精品店的型式，讓品牌形象大大提升。透過一流的展示空間，Nespresso 營造它的產品是屬於精品，應該像超跑一樣展示，或者像香檳一樣享受。這些專門店又擁有博物館的氛圍，集合了一個品嚐、學習和購物的商場。Nespresso 希望透過美好空間提供顧客一流的消費體驗。

　　·**專櫃**：除了專門店以外，Nespresso 也廣設專櫃，讓它的知名度和品牌形象更廣泛的被認知。

　　·**快閃店**：在許多展覽場或人潮聚集的場所推出快閃店，讓更多人能接觸和體驗到 Nespresso。

　　·**街頭廣告**：Nespresso 利用街頭候車亭做為活廣告，推出全包式廣告或特殊造型候車亭，都非常吸睛。

‧**戶外廣告**：Nespresso 也在交通流量大的地方設置大型看板，或在商業大樓外設立大型看板，特別引人注目。

‧**裝置藝術**：Nespresso 和藝術、時尚結合，利用它多彩的咖啡膠囊做成裝置藝術，在櫥窗、商場公開展示，讓人留下深刻印象。

從 Nespresso 我們可以看到：一個成功的品牌必須要有獨樹一幟的商業模式，而且從品名、商標、商品造型、規格、性能、顏色、訂價、銷售據點、廣告宣傳以及所有顧客的接觸點和售後服務等，每一個行銷組合的環節都要緊緊相扣，才能發揮綜效，建立品牌的領導地位。

Warby Parker：一個成功創新的眼鏡品牌

　　Warby Parker 通過創新銷售模式、善於公關和講故事及提供卓越的體驗贏得口碑。Warby Parker 是一個從網路起家的眼鏡品牌，從 2010 年創立籌集了 2.15 億美元資金，在短短 7 年內市值達到 12 億美元，它的成功來自於：1. 它建立自己的供應鏈，直接由工廠出貨給顧客，減少了中間商的剝削，推出時尚又便宜的眼鏡。 2. 善於說故事。 3. 擅長公關。 4. 善於製造話題。 5. 提供顧客美好體驗。

1. Warby Parker 創立的構想來自打破壟斷

　　Warby Parker 於 2010 年由四位美國華頓商學院的大學生尼爾‧布魯門撒爾（Neil Blumenthal）、大衛‧吉爾博（David Gilboa）、安德魯‧杭特（Andrew Hunt）和傑夫‧瑞德（Jeff Raider）共同創立。創立的最早動機來自於其中一個人丟掉了一副 700 美元的眼鏡感覺很心痛，因此他們談到了眼鏡不應該像 iPhone 那樣貴，而且其他東西都已經在網上銷售 ，包括尿布、鞋子等，眼鏡應該也能在網上銷售。

「為什麼眼鏡賣得如此貴？」在調查這個問題的時候，他們發現羅薩奧蒂卡（Luxottica）這家價值 280 億美元的公司擁有幾乎所有的太陽眼鏡或眼鏡品牌，它擁有亮視點（LensCrafters）、皮爾索（Pearsol Vision）、雷朋（Ray-Ban）和奧克利（Oakley），還有香奈兒（Chanel）和普拉達（Prada）等名牌授權的鏡框和太陽眼鏡。

由於羅薩奧蒂卡集團擁有從品牌到零售通路的很多供應鏈，因此它可以為自己的產品收取任何想要的費用，它的訂價有時高於 20 倍，這意味著一副 300 美元的太陽眼鏡只需要 15 美元的生產成本。因此他們決定打破壟斷，採取破壞性創新，建立自己的垂直供應鏈，推出訂價 95 美元時髦又便宜的眼鏡，最早透過網路銷售，現在也設立了 44 家店面。結果一推出就非常成功，在三週內就達到了第一年的銷售目標。

2. 善於講故事

Warby Parker 從一開始就得到了巨大的口碑，它稱自己是「眼鏡業的網飛（Netflix）」，因為它的故事「打破巨人的壟斷，直接讓利給顧客」引起了媒體的共鳴，讓媒體急於向讀者介紹它的故事。

Warby Parker 的創辦人常說：「為什麼 Warby Parker 一直如此成功？尤其是在開始時。很多成功來自講好故事。講故事是人類交流的最古老的形式，它建立我們彼此之間的關係。Warby Parker 在一系列不同的世界中運作，在時尚業、

社會企業、零售業和科技領域。有時，特別是在科技領域，我們忘記了我們應該向客戶講述故事，並試圖與人聯繫。很多時候，做同樣事情的兩種產品之間的最大區別在於它講述的故事，以及人們與它的關係。」

此外，Warby Parker 還特別提出「了解你的品牌層級最重要的是什麼？」Warby Parker 把品牌層級由下而上分為：(1) 生活時尚品牌（A Lifestyle Brand）、(2) 提供價值與服務（Offer Value and Service）、(3) 社會使命（with a Social Mission）。

一個生活時尚品牌想要提供價值和服務與社會使命，你必須做好 (1) 生活時尚品牌和 (2) 提供價值與服務，才能做 (3) 社會使命。這並不是說社會使命不那麼重要，而是如果人們不買你的生活時尚品牌，你就不能做其他有意義的事情。因此 Warby Parker 強調他們不是一次嘗試所有事情，而是專注於最重要的基本原則，以使他們能夠做他們真正想做的事情。

3. 擅長公關和異業合作

對一個新創品牌 Warby Parker 來說，透過創新的手法來吸引媒體的注意和報導是非常重要的，因此它也絞盡腦汁推出了成功的公關活動和異業合作如下：

・**巧妙的劫持 2011 年秋季紐約時裝週**：Warby Parker 想在 2011 年秋季成為紐約時裝週的一部分，因為要成為一個

時尚品牌，就要參加紐約時裝週。要做到這一點，你可以參加走秀表演或商品展示，但是 Warby Parker 沒有足夠的資源來做走秀表演，因此決定在紐約時裝週開幕的前一天舉行自己的祕密商品展示。

　　Warby Parker 選擇紐約公共圖書館作為商品發表的場所，它找員工先占了這個圖書館閱覽室裡的最後兩張桌子，然後邀請約 40 名的知名雜誌編輯在紐約公共圖書館見面，但是沒有告訴記者赴約的內容，也未事先告知圖書館。

　　另一方面 Warby Parker 請了 20-30 個模特兒在隔壁的酒店等著，然後當雜誌編輯到齊後就請所有占位的員工起身離開，讓模特兒們戴著新型眼鏡打開封面明亮的藍色書籍開始閱讀（或者假裝閱讀）。因此所有的編輯都開始採訪、照相、記筆記、看眼鏡。

　　圖書館的安全人員剛開始在試圖了解到底發生什麼事情時有點不安，但每個人都只是在閱讀，所以也就不干涉了。由於商品展示會的點子很新奇，每個編輯都寫了關於 Warby Parker 的故事，Warby Parker 早一天偷走了紐約時裝週的風頭。

　　·和「鋼鐵英雄」（Man of Steel）電影合作，推出授權眼鏡一周內賣完：Warby Parker 和「鋼鐵英雄」（Man of Steel）電影合作在 2013 年 6 月 14 日上映前的週末發售兩款鑲有「鋼鐵英雄」字樣的鏡框，採用大膽復古的造型及張伯倫（Chamberlain）和佩爾塞（Percey）二種鏡架，售價 95 美元，並把其中 15 美元捐贈給 826NYC（一個致力於支持 6-18

歲學生寫作技巧的非營利組織），結果一周內就全部賣完。

・和「**捐助者選擇機構**」（DonorsChoose.org）**合作做公益**：「捐助者選擇機構」是一個提供美國公立學校各項教育計劃贊助的非營利機構，Warby Parker 認為和它的社會使命相符，因此推出了合作計劃，顧客每買一副眼鏡，Warby Parker 就為顧客購買一張 30 美元的「捐助者選擇機構」禮券，並且讓顧客選擇一個支持的捐款項目，這項活動大受好評。

・**推出貝克**（Beck）**的「歌曲閱讀器」**（Song Reader）：Warby Parker 和貝克（Beck）合作，貝克出生於洛杉磯，是美國的創作歌手，也會演奏包括鍵盤、鼓和吉他在內的多種樂器，他被稱為是 1990 和 2000 年代最有創意性和最為特殊的另類搖滾音樂家之一。

Warby Parker 和貝克合作，推出了名為「歌曲閱讀器」的一張充滿樂譜的專輯。所有粉絲都可以利用這張專輯自己演奏，製作自己版本的專輯並參加比賽，然後 Warby Parker 會選出一位獲勝者，送他去親自看貝克的現場表演。

・**和「幽靈國際」**（Ghostly International）**線上音樂合作**：「幽靈國際」是美國獨立唱片公司，由山繆爾・瓦倫蒂（Samuel Valenti IV）於 1998 年創立，目前總部位於美國密西根州。它的線上音樂網站已經創立快 20 年了，Warby Parker 認為作為一個生活品牌，音樂是這種生活方式的重要組成部分。因此它在 2014 年夏天和「幽靈國際」合作，只推出一款太陽眼鏡，結果 24 小時就賣光。

4. 善於製造話題

　·有趣的年度報告導致了 2012 年連續 3 天最高的銷售紀錄：Warby Parker 在 2012 年 1 月在紐約時報 CBS 週日新聞早上播出一份有趣的年度報告，它把一份沒有談論財務報告的報導放在一起，譬如在什麼狀態下戴什麼眼鏡最受歡迎、人們喜歡吃什麼樣的圓圈餅、該品牌最流行的拼寫錯誤是什麼，結果這份有趣的報告通過互聯網瘋傳，導致了該公司歷史上連續 3 天最高的銷售紀錄。

　·愚人節出奇招：Warby Barker 在 2012 年 4 月 1 日推出一個愚人節的花招：「賣眼鏡給狗狗」，在連續的兩週內製作了專業狗模特兒戴眼鏡的圖片拍攝，由於看起來有趣，造成了話題。結果在愚人節開始的三天 Warby Barker 上網瀏覽的流量比平時增加了 2.5 倍。

　·值得談論的有趣禮物，帶來歡樂的社交體驗：Warby Barker 在聖誕節希望給顧客帶來驚喜，它認為光給一張聖誕卡是不夠的，因此它除了卡片以外還送了一個雪人 DIY 套組，裡面有一包假白巧克力、2 顆假煤塊、3 顆藍色鈕扣和一根紅色清潔棒，另外還加了一個 #warbysnowman 的標籤。顧客收到後可以自己動手做雪人，有趣又好玩。

5. 提供顧客美好體驗

　·從廚房展示到旗艦店：為了創造獨特難忘的體驗給消費者，Warby Parker 常常打破傳統做出非常有趣的決定，譬

如最早在網上銷售時，有顧客想到實體店看眼鏡，它就把眼鏡陳列在辦公室的廚房桌上，結果每天有上千人要來辦公室看眼鏡。

接著它讓業務人員騎自行車帶眼鏡去給顧客看，後來又改裝一輛學校巴士作為移動展示櫃，到處巡迴展示和銷售並和來自全美各地的顧客會面。

最後在紐約蘇活區（Soho）開設旗艦店，這家旗艦店看起來像一座巨大的圖書館，眼科檢查板則是複製那些老派的火車站看板，這些作法都希望讓顧客耳目一新。

・家庭試戴（HOME TRY-ON）計劃：Warby Parker 推出家庭試戴（HOME TRY-ON）計劃，讓顧客可以在家中嘗試 5 個眼鏡框架，當顧客在網上張貼他們試戴眼鏡的照片時，Warby Parker 還會給他們提供樣式的建議，那些在網上分享照片的顧客平均購買轉換率高達 50%。

Warby Parker 和 Lululemon、Nespresso 最大的不同，它是由網路起家，最後走向開設實體店，達到虛實整合，這正是網路時代新的品牌、新的行銷模式。

「成長駭客行銷」的崛起

　　「成長駭客」（Growth Hacker）一詞在 2010 年首次由史恩‧艾利斯（Sean Ellis）提出，他幫助許多新創的互聯網公司迅速成長。但許多人對「成長駭客」這個名詞有很多誤解，雖然駭客帶有非常負面的形象，然而「成長駭客」並不是真正的駭客，他們主要是使用數位行銷的技巧來獲得快速的成長。

　　「成長駭客」是指新一代的行銷人員，他們有技術背景，捨棄傳統行銷法則，改用可測試、可追蹤、可倍數成長的行銷策略。他們的工具不是媒體廣告和文宣，而是關鍵字、電子郵件、點擊付費廣告、部落格和應用程式開發介面（API）平台等。

　　「成長駭客」對於初創公司來說尤其重要，由於大多數創業公司無法承受昂貴的傳統媒體購買費用，因此他們的目標是以有限的預算，讓公司的產品在早期發布階段能夠快速成長，他們使用搜尋引擎優化、網站分析、內容行銷和 A ／ B 測試等技術來達成公司產品銷售和顧客的快速增加。

　　然而「成長駭客行銷」（Growth Hacking Marketing）

不僅注重技術，更著重策略，它知道如何在客戶生命週期
（搜尋、參與、購買、保留、推薦）過程中的每一步，找出
需要管理和優化的關鍵數據點，例如點擊率、轉換率、購買
數量和金額、投資報酬率、重複用戶百分比以及網頁內容分
享次數等，找出每個關鍵驅動因素，進行 A ／ B 測試，不
斷改進行銷的質和量。因此「成長駭客行銷」是創新的行銷
思維，運用數據和試驗、技術和自動化的最佳組合。

　　以下是新創企業運用「成長駭客行銷」快速成長的成功
案例：

1. Hotmail 「PS：我愛你。」

　　Hotmail 是運用「成長駭客行銷」最經典的案例，在短
短 18 個月，讓用戶成長到 1,200 萬人。

　　它是第一個在網路上發送的電子郵件系統，於 1996 年
7 月由二位蘋果電腦的前工程師沙比爾‧巴蒂亞（Sabeer
Bhatia）和傑克‧史密斯（Jack Smith）發起，最早引進創投
資金為 30 萬美元。一開始用戶增長非常緩慢，因為他們專
注於傳統的行銷策略，例如購買廣告看板和電台廣告。

　　在發布了幾週後，他們發現了一個關鍵因素：80％的
註冊者實際上是來自朋友的推薦。他們的創投負責人之一提
姆‧戴拉普（Tim Draper）提出了一個想法：在使用 Hotmail
發送的每封電子郵件的底部加上一行字「PS：我愛你。你可
以在 Hotmail 上獲取免費電子郵件。」（PS: I love you. Get

your free e-mail at Hotmail）。結果影響幾乎是瞬間的，用戶成長曲線呈現曲棍球棒的形狀，每天平均開始新增 3,000 個用戶。

6 個月後，他們達到了 100 萬用戶大關，又 5 週後達到 200 萬用戶，在成立 18 個月後擁有了 1,200 萬用戶（請記住當時只有 7,000 萬個互聯網用戶），因此微軟隨後以 4 億美元收購了該公司。

2. Airbnb 和 Craigslist 連結

Airbnb 是一個讓大眾出租住宿民宿的網站，提供短期出租房屋或房間的服務。該網站成立於 2008 年 8 月，公司總部位於美國加州舊金山。

在網路世界，如果你是第一個上市的公司，由於充滿新奇和無人競爭，那你很容易獲得很好的業績和投資回報。但隨著時間的推移，越來越多的競爭者加入，投資回報率也越來越低。

Airbnb 推出時就面臨這樣的困境，網路上已有各式各樣的平台，如何能夠找到更好更便宜的方式來創造早期的用戶成長是很重要的關鍵，因此它鎖定了像 Craigslist 這樣擁有數千萬用戶的大型第三方平台，它的策略是把它的用戶和 Craigslist 連結。

Craigslist 是一個美國分類廣告的網站，專門介紹工作、租屋、售屋，還有販賣各種物品等。創辦人克雷格·紐馬克

（Craig Newmark）於 1995 年開始將舊金山灣區舉辦的當地活動列出清單用電子郵件分發給朋友，到 1996 年成為一個提供各項服務的網路平台，也包括了分類廣告。

Airbnb 的策略是它提供了一個快速連結，任何希望出租房屋的用戶只要建立一個 Airbnb 帳戶，就可以把你發布在 Airbnb 的資訊轉發到 Craigslist 上。隨著數百萬用戶希望在 Craigslist 上出租物業，也帶來了數百萬的 Airbnb 註冊用戶。

透過這個策略，Airbnb 的用戶快速成長，它在 2000 年開始擴展到其他美國城市。目前 Airbnb 在 191 個國家、81,000 個城市中共有超過 300 萬筆房源。

3. PayPal 和 eBay 連結

PayPal 是一個美國網路的第三方支付服務商，允許在使用 e-mail 來標識身分的用戶之間轉移資金，避免了傳統的郵寄支票或匯款的方法。

與 Airbnb 類似，PayPal 在剛推出時也是利用第三方平台 eBay 創造了高度的成長。PayPal 的作法是，它為 eBay 的賣家開發了一個自動拍賣的 logo 置入工具，叫做 AutoLink，它可以自動連結到它客戶現有的 eBay 拍賣帳戶，它在每個 eBay 的拍賣帳戶底部加入了一個 PayPal 的 logo，只要客戶輸入他們 eBay 的用戶名和密碼就可使用 PayPal。

結果顯而易見，在推出後的三個月內，客戶在 eBay 拍

賣使用 PayPal 的比例從 1％提高到 6％。此外，PayPal 也提供獎勵金給客戶，只要他們推薦朋友來使用 PayPal，這種方式讓 PayPal 每天的業績成長 7-10％。

4. Dropbox 連結到 Twitter 和 Facebook

Dropbox 成立於 2007 年，由麻省理工學院的學生德魯・休斯頓（Drew Houston）和艾拉席・菲爾多西（Arash Ferdowsi）共同創立，提供線上儲存服務，可以同步把檔案和資料夾儲存在雲端。

Dropbox 快速讓客戶成長的策略為：只要現有用戶將 Dropbox 帳戶連結到 Twitter 和臉書，就可得到更多的免費儲存空間，並且可以在這些社交網站上共享有關 Dropbox 的訊息，這個方式讓 Dropbox 免費獲得新用戶和成長倍增。透過這麼簡單的策略，Dropbox 現在擁有 5 億用戶。

◆「成長駭客行銷」 4 步驟

　　萊恩・霍利得（Ryan Holiday）在 2014 年發表了「成長駭客行銷」（Growth Hacker Marketing）一書，在書中他指出：「像臉書、Dropbox、Airbnb 和 Twitter 這樣的新一代企業並沒有在傳統行銷上花費一毛錢。他們沒有發新聞稿，沒有做電視廣告，沒有刊登廣告看板。

　　相反的，他們依靠新的成長駭客行銷策略，以有限的行銷預算，傳達到更多的人。成長駭客行銷採用可測試、可追蹤和可高度成長的策略取代傳統的行銷策略。他們認為，不管是產品或事業應該反覆修改，直到他們準備好可以引發爆炸性的反應為止。」

　　這些新創企業打破了傳統行銷的規則，他們使用**數據**、**數位媒體**、**精準行銷方式**，追求的是用戶的成長和投資報酬率。因此，萊恩認為新一代的「成長駭客行銷」崛起了，未來的行銷主管將被具備「成長駭客」特質的人取代，他們的任務不僅要讓新創企業無中生有，而且要讓公司快速的成長。

　　「成長駭客行銷」的步驟：

1. 它從最適合市場的產品開始

　　最差的行銷策略是推出無人想要或需要的產品，「成長駭客行銷」主張：產品，甚至整個企業和商業模式都可以和應該改變，直到第一個看到它們的人會產生爆炸性的反應；也就是說最好的行銷策略是：不管經過多少調整和改良，你必須對一群特定的顧客推出一個真正而且迫切需要的產品。

　　在 2007 年 Airbnb 剛開始推出的時候，創辦人布萊恩・契斯基（Brian Chesky）只是把他的公寓客廳舖上一張氣墊床（Airbed）而已，並提供客人免費早餐，命名為「氣墊床附早餐網」（Airbedandbreakfast.com）。

　　但是他不以此為滿足，他接著把它的服務重新定位為「當旅館訂滿你還可以找到床位」，這顯然是更好的訴求，然而布萊恩感覺他還可以再進一步改進這個想法，將目標旅客放在「不想住酒店也不想睡沙發或住招待所的人」。

　　最後，根據顧客反饋和使用模式，他把名子縮短為Airbnb，並放棄提供早餐和網路的其他業務，將服務重新定義為「人們租或訂的任何類型的住宿，只要你想的出來（從房間到公寓、火車、船、城堡、閣樓和私人島嶼）」，這就是爆炸性的想法，因為它符合全世界各地每年數百萬次的訂房需求。

　　從 Airbnb 的例子可以了解，一個新事業或新商品剛開始都是來自一個好的點子，但是你必須不斷的改進和調整，直到它成為一個爆炸性的生意。

因此，「成長駭客行銷」的第一步就是從最適合市場的產品開始，找到產品和顧客之間最佳的適配點。

萊恩建議最好採取蘇格拉底「打破砂鍋問到底」的方式，不斷的問自己：「這個產品賣給誰？為什麼顧客會用它？我為什麼會用它？這個產品的那個特點能吸引顧客？讓顧客回頭再買或推薦給朋友的原因是什麼？還少了什麼嗎？什麼是最大的賣點？」

2. 找到你自己的「成長駭客術」

當你不斷的測試，直到你有信心找到最適合市場的產品，也就是找到一個值得行銷的產品後，你接著就要想辦法啟動成長的引擎，追求大爆炸的成長，讓顧客快速的進來，讓產品快速的普及，因此第二步驟就是找到自己的「成長駭客術」。

你雖然有個好產品，但是你不可能等顧客自己上門，你要拉客人進門。傳統行銷你會透過廣告活動來宣傳，但是「成長駭客行銷」則是採取便宜的、有效的、獨特的、全新的另一種行銷方式，它可能採取很多不同的方法。

以 Dropbox 為例，今天它已超過 5 億個用戶，但是當 Dropbox 一開始推出文件儲存共享服務時，它甚至不向公眾開放。新用戶必須先登記在一個等候名單上，然後等待被邀請加入。但是為了吸引更多人加入登記，創辦人製作了一個示範影片來吸引顧客上門。

　　他們沒有雇用專業的製作公司來製作精緻昂貴的影片，也沒有大做廣告。他們自己製作影片，然後選擇他們認為適合的網站來發布影片。他們選擇的是社群新聞和書籤網站（例如 reddit.com、digg.com、slashdot.org，這些網站讓用戶投票或由編輯選擇有趣的故事建立排行榜）。同時他們提供了一個「GetDropbox.com」的網站，讓有興趣的人可以點擊進去。結果這個影片非常受到這些潛在用戶的歡迎，Dropbox 的等候名單瞬間從 5,000 個跳到 75,000 個，然後在很短時間用戶就增加到 400 萬。

　　類似 Dropbox 的這些新創公司在推出新產品時，並不是針對所有的消費者，而是一開始就鎖定「早期採用者」，意即一群對新產品極感興趣、忠誠和狂熱的用戶，然後和他們一起成長。又譬如 Uber 剛成立的前幾年，只固定在奧斯汀南方音樂節（SXSW）推出免費乘車的優惠。奧斯汀南方音樂節是全美最大的音樂節盛會之一，大概在每年 3 月中旬會舉辦連續 4~5 天的音樂活動，活動期間會有上百個全世界各地獨立製作的音樂團體前來參與盛會，因此也會吸引大量的人潮。

　　Uber 就是利用這短短的一個星期內，針對成千上萬的 Uber 潛在客戶——那些高收入、高科技迷的年輕人，在找不到計程車的時候積極嘗試一下 Uber 的服務，透過這樣的體驗造成口碑，然後把訊息擴散出去。

　　因此「成長駭客行銷」不是花大錢做廣告去吸引所有

人，而是選擇對的管道，然後想辦法吸引到那些對你的新產品感興趣的人讓他們上門。

3. 從 1 變 2，從 2 變 4，變成病毒

所有的公司都希望把他們的訊息變成病毒，讓人們在網上廣為分享，但是你必須自問：「為什麼人們要如此做？你的產品值得人們談論嗎？你的訊息很適合讓人們傳播嗎？」

讓你的訊息變成病毒不是靠運氣，不是變魔術，也不是隨機就可得，你要有一套方法。只有極少數的產品和訊息能成為病毒，不只是人們覺得它值得傳播出去，更重要是它能夠激發人們想要傳播出去。

第一個方法是提供誘因。以 Groupon 團購網為例，你介紹朋友，當他們第一次在 Groupon 購買時，你就獲得 10 美元。此外，LivingSocial 購物網也提供一次交易是免費，方法是如果你推薦三個朋友，他們在連結的網站也跟著買，那你這次的交易就免費，不管你買多貴。

再以 Dropbox 來說，他們剛開始是透過示範影片來吸引顧客上門，雖然非常成功，但接下來他們改用傳統廣告方式來吸引顧客，卻發現每個新客的獲得成本高達 233-388 美元，因此在經過 14 個月的嘗試後，他們改變策略，放棄傳統廣告方式，轉而推出了一個非常有效的病毒推薦計劃。

他們只是在首頁放了一個簡單的「獲得免費儲存空間」（Get free space！）的按鈕，方法是只要用戶邀請一位朋友註冊就可免費獲得 500 MB 的可用儲存空間。結果用戶註冊率馬上增加 60％，單月的推薦人數就高達 280 萬人，到今天 Dropbox 的新用戶仍有 35％是透過推薦而來的。

第二個方法是盡量讓你的產品或訊息曝光。你的產品或訊息曝光得越多，越引人注意也就越受人歡迎。因此，許多新創公司都透過大型的平台來增加曝光的機會。

以 Spotify 為例，它是瑞典的一家音樂串流服務公司，在 2008 年成立，提供各大唱片公司所授權並由數位版權管理（DRM）保護的音樂，在歐洲、澳洲、紐西蘭和亞洲部分地區都有銷售。它適用於大多數設備，包括電腦、手機和平板電腦，擁有超過 3,000 萬首歌曲。截至 2018 年底擁有 1 億的付費用戶。

而 Spotify 在付費用戶的最大成長就是在 2011 年和臉書聯手推出音樂下載服務，在短短一年就由 1,000 多萬的付費用戶成長到 2,000 多萬的付費用戶，因為透過臉書提供了大量曝光的機會，讓更多的人也想加入嘗試。

蘋果（Apple）和黑莓機（BlackBerry）在人們發送訊息時都會加上一條廣告字樣：「由我的 iPhone 發送」（Sent from my iPhone）或「由我的黑莓機發送」（Sent from my

BlackBerry），在收到訊息的人同時就接收了品牌訊息。「成長駭客行銷」並不是不重視品牌，而是不花大錢就可把品牌傳播出去，讓更多人認識品牌。

4. 封閉缺口：留客和優化

「成長駭客行銷」的最重要工作不僅是開發顧客，而且要留住顧客，創造「終生顧客」。忠誠和快樂的顧客本身就是產品最好的見證和宣傳。

如果你很努力的把顧客開發進來卻讓顧客輕易的流失，或是顧客被你的宣傳打動了但試用你的產品後卻失望離開，你的行銷努力就白白浪費了。

行銷管道就像一個水桶，若桶底有個洞，水從上面進來，卻從下面流失，如果洞越大水就流失越快，因此要想辦法封閉缺口、讓顧客留住就是很重要的工作。

在「成長駭客行銷」中留客率的指標就是 DAU（Daily Active User，日活躍用戶數） 與 MAU（Monthly Active User，月活躍用戶數）。當 DAU、MAU 下滑就代表顧客的黏著度下降，也就是顧客留不住，因此就必須思考如何來提升留客率。

以 Twitter（中文譯名「推特」） 為例，Twitter 提供在線新聞和微網誌服務，用戶可以在其上發布消息並與之互動，這些訊息也被稱作「推文」（Tweets）。它在 2006 年 3 月創辦並在當年 7 月啟動。目前 Twitter 風行於全世界多

個國家，是瀏覽量最大的十個網站之一。截至 2018 年底，Twitter 共有 3.21 億個月活躍用戶。

儘管 Twitter 在推出初期爭取新顧客對他們來說是很重要，但他們也意識到如何把上門的顧客牢牢抓住更重要。因為他們發現有很多顧客開了帳戶卻從來都沒使用過，同時他們也發現一個顧客開了帳戶，如果給他 20 個朋友的推薦名單，他會無所適從。但是如果他第一天就選定 5-10 個朋友互傳推文，這樣的顧客最能留得住，因此他們就把朋友的推薦名單限定在 10 個，同時他們又增加一個功能，就是不斷的在網頁的邊欄提醒新顧客跟上別人的訊息，這二個方法讓新客的留住率大大提升。

Dropbox 為了留住顧客，它提供 250 MB 的額外儲存空間獎勵，鼓勵用戶去瀏覽它的基本操作說明；Dropbox 的想法是教會成員如何使用服務，可以讓他們更有信心的克服使用的障礙。此外，他們又提供 125 MB 的免費儲存空間獎勵給用戶，只要用戶提出 90 個字有關服務的反饋意見；這些方法可以讓顧客參與和更加投入，增加顧客的忠誠度。

想要留客，就要優化，優化和留客是一體二面，優化做得好，留客率就會提升。

「成長駭客行銷」的工作就是不斷的優化整個作業。你的產品如何再優化？你的網頁如何再優化？顧客的轉換率如何再優化？為何顧客在瀏覽到最後一刻卻不結帳買單？是訴求不夠生動？是價格不夠優惠？是少了什麼誘因？你必須要

求自己不斷的改良、改善、改進和優化。

　　根據 Bain & company 國際管理公司的統計，增加 5％的留客率等於公司的獲利增加 30％。根據 Market Metrics 市場指標公司的統計，現有的客戶的成交率是 60-70％，而新客戶的成交率只有 5-20％，因此留住舊顧客比開發新顧客更重要。

　　總結而言，從第一到第四步驟，「成長駭客行銷」就是要採取最有效的方法來創造用戶最大的成長和投資報酬率（ROI）最大化。以 Airbnb 為例，今天它的口號是：「你可以預訂任何地方的空間，它什麼都有可能，從帳篷到城堡它確實是什麼都有可能。」短短 10 年多的時間，它已經大到超過全球任何一家旅行社。

廣告課

從建立印象到軟性訴求

從建立印象到擅用軟性訴求，從 40 年代到現在，不同的廣告
大師帶來不同的創意理論。只要能夠打動人心的創意就是最
好的創意。

萬寶路男人

　　1954 年由李奧貝納（Leo Burnett）廣告公司所製作的萬寶路香菸廣告，採用了西部牛仔做為「萬寶路男人」（Marlboro Man）的代表，把粗獷豪放的品牌個性表露無遺，是非常成功的品牌印象廣告，然而在當時卻充滿爭議。

　　因為在 50 年代萬寶路是最早推出濾嘴香菸的廠商，而濾嘴香菸被認為是女人抽的香菸。因此為了要爭取男人市場，李奧貝納大膽的改變形象，推出以西部牛仔為主的「萬寶路男人」廣告。結果，在很短的時間就讓萬寶路脫胎換骨，成為男人最愛的香菸，銷量大增。為求逼真，李奧貝納公司還找來懷俄明州牧場的真正牛仔做模特兒，因此在萬寶路香菸最鼎盛的時期，「萬寶路男人」的廣告在各種雜誌，甚至是時代廣場的牆壁廣告上都可看到。

奧格威開啟了「印象時代」的來臨

　　我們不知道李奧貝納廣告公司如何發展出「萬寶路男人」的創意，「萬寶路男人」成功的扭轉了消費者對品牌的印象。但是在 50 年代正是「印象」當道的時代，而開啟「印象時代」的人就是被稱為當代「廣告之父」的大衛・奧格威（David Ogilvy），他所創立的奧美（O&M）廣告公司現在是全球最大的廣告公司。

　　大衛・奧格威出生於英國，年輕的時候，曾就讀於牛津大學，但因為他父親的生意受到了 20 年代中期經濟蕭條的嚴重打擊，因此他輟學了；於 1931 年離開牛津前往巴黎，在那裡他成為美傑酒店（Hotel Majest）的學徒廚師。

　　一年後，他回到蘇格蘭當業務員，開始挨家挨戶推銷 AGA 爐具，結果他的銷售成績非常好，因此他的雇主要求他為其他銷售人員寫一本銷售指導手冊。他的哥哥當時在倫敦的 Mather & Crowther 廣告公司工作，因此把他寫的銷售指導手冊拿給該公司的主管看，結果 Mather & Crowther 廣告公司立刻聘請奧格威為該公司的廣告業務代表。

　　1938 年，奧格威說服他的廣告公司將他送到美國一年

去研習廣告，在美國期間他到蓋洛普研究機構（Gallup's Audience Research Institute）接受培訓，蓋洛普對他的思想影響非常大，他把蓋洛普強調的精密調查研究方法和注重事實的精神運用在廣告活動上。

1948 年，奧格威在紐約創辦了奧美廣告公司，在早期的創作中以哈薩威襯衫、勞斯萊斯轎車和舒味思氣泡飲料的廣告最膾炙人口。

「創意不能平淡無奇，廣告的創意必須在消費者心中建立一個獨一無二的品牌印象。」

這是大衛·奧格威所堅持的信念，他曾經在一次演講中指出：「靠打折促銷建立不起無法摧毀的形象，而只有無法摧毀的形象才能使你的品牌成為人們生活的一部分。」

以下就是奧格威最經典的廣告創意作品：

1.「穿哈薩威襯衫的男人」

哈薩威襯衫公司在 1950 年時已經是一個具有上百年歷史且經營非常成功的製造商，它不但是美國最大規模運動衫的製造者之一，還是二次大戰聯合部隊制服的生產廠商。在當時正處於人們開始購買現成做好的襯衫的時代，因此對哈薩威公司來說是一個非常大的商機。為了打開這個新市場，它把廣告委由奧美廣告公司來執行。

雖然哈薩威襯衫的廣告預算不多，但它百分之百尊重奧格威的創意。在經過市調和創意發想的過程後，奧格威決

定要用一個成熟的中年人，有豐富的國際閱歷，穿著哈薩威襯衫，看起來衣著得體，出現在某些重要場合或理想的背景前。為了加深印象，他讓這個中年人戴上了黑眼罩。

結果「戴黑眼罩、穿哈薩威襯衫」（The man in the Hathaway shirt）的男人在各大雜誌和報紙刊登以後，掀起了很大的注目，戴黑眼罩的男人充滿了個性和身份的神祕感，廣告中他有時出現在商場前，有時手拿長槍或很長的象牙，讓人有不同的聯想，而且一眼難忘。根據奧格威的說法，他創作的廣告男主角的靈感來自當時的一位美國大使路易士・道格拉斯（Lewis Douglas），他在英格蘭釣魚時傷了一隻眼睛。

這個廣告不但成功，而且使銷售大增，最重要的是永遠改變了人們穿著的習慣。哈薩威因為這個廣告成為全美最大的襯衫廠商之一，這種狀況一直延續到 2002 年，後因景氣不佳而結束營業。

2. 「來自舒味思的人在這裡！」

舒味思（Schweppes）是一種汽水類的軟性氣泡飲料，使用以奎寧（Quinine）為主的香料作為調味，帶有一種天然的植物性苦味，經常被用來與烈酒調配各種雞尾酒。

1955 年舒味思委託奧格威做廣告，奧格威為了讓舒味思給人留下深刻的印象，他直接採用該公司的美國主管愛德華・懷特漢（Edward Whitehead）當代言人，推出了「來自舒味思的人在這裡！」（The Man from Schweppes is here!）

的廣告。因為懷特漢不但是標準的英國紳士，並且下巴留著山羊鬍子，很有個性也很容易辨識，而且他是二次大戰的英國海軍軍官，又帥又挺，充滿男人味。

舒味思主打派對市場，作為雞尾酒的調和飲料，因此在電視廣告中可以看到懷特漢衣著翩翩，周旋在賓客之間，尤其倍受女賓客的喜愛，是男人羨慕的對象。每當被問及喝什麼飲料最適合，他總會回答：「當然是舒味思，因為它的神奇微小泡沫可以維持到最後。」同時為了突顯懷特漢的魅力，還拍了懷特漢登山和到北極圈冒險的影片。

這一系列的電視廣告在 1950-1960 年間播出，讓舒味思成功打開美國市場，也讓懷特漢成為知名的公眾人物。奧格威說：「無疑的，人們對人的好奇遠超過對公司的興趣。」

3. 「在時速 60 英哩的時候，這部勞斯萊斯新車最大的噪音來自電子鐘。」

1959 年勞斯萊斯轎車公司委託奧格威製作廣告，奧格威創造了另一個膾炙人口的經典廣告：「在時速 60 英哩的時候，這部勞斯萊斯新車最大的噪音來自電子鐘。」（At 60 miles per hour, the loudest noise in this new Rolls-Royce comes from the electric clock.）如同哈薩威和舒味思的廣告，除了大幅的圖片以外，在下面還寫了密密麻麻的文案，用來支持它的論點。

文案的重點為列舉勞斯萊斯成為世界上最偉大的轎車的

13 種理由，包括了：

・安靜無聲的祕密在於裝了 3 台消音器。

・每部車子的引擎在安裝前都全速運轉了 7 小時，每部車也都試駕好幾百英哩。

・勞斯萊斯的設計適合車主自行駕駛，它比最大的本地車短了 18 英吋。

・這部車有動力方向盤、動力剎車和自動排擋。非常好開好停，不需司機。

・每部車在出廠前會做為期一週的微調和 98 個步驟的檢查。譬如工程師會用聽診器傾聽車軸的雜音。

・三年售後保證，經銷商和維修中心遍布各地，服務沒問題。

・散熱器從來沒改變。只有在創辦人過逝時車子的標誌由紅色改為黑色。

・上漆作業以好漆先上 5 層，每層之間都會經人工磨過，最後再上 9 層漆。

・在方向盤上移動一個開關，你可以調整避震系統以適應路況。

・鑲有法國核桃木的野餐桌可以從儀表板下拉出，前椅後面還有 2 個也可以拉出。

・選擇配備包括咖啡機、聽寫器、床、洗滌冷熱水、電動刮鬍刀或電話。

‧有 3 個分開的動力剎車系統，2 個是液壓式、1 個是機械式，其中 1 個壞了，不會影響其他 2 個。勞斯萊斯是一部非常安全而且輕快的轎車，在時速 80 英哩時很安靜，最高時速 100 英哩。

‧賓利（Bently）也是勞斯萊斯製造的，除了散熱器以外。它是典型的轎車，如果不買勞斯萊斯就買賓利。

不管是標題或文案都算是冗長的，但奧格威認為只有提供完整的資訊，才能說服消費者。事實證明，這個廣告刊出後，讓讀者印象深刻，也奠定了勞斯萊斯在高級轎車的領導地位。

一個廣告人的自白

　　在 1963 年大衛 · 奧格威出版的《一個廣告人的自白》
（*Confessions of an Advertising Man*），可以說是廣告的經
典之作，到現在還是廣告界的聖經。在這書裡曾經引用羅斯
福總統的話：「不做總統，就做廣告人！」對年輕就進入廣
告界的我來說鼓舞很大。這本書談的是如何管理廣告公司、
如何獲得客戶、如何保持客戶、如何創作偉大的廣告、如何
撰寫有效的文案、如何製作好的電視廣告等，其中他所提出
的一些觀點到現在還是非常發人深省，列舉如下：

1. 消費者不是白痴，她是你的妻子

　　顧客比你想的更聰明，而且總是越來越聰明。你無法
欺騙顧客，你能欺騙一時，無法欺騙永久。何況現在是網路
發達、資訊透明的時代，你的所做所為必須能受公評。而且
你必須把消費者當作是你的妻子、你的情人，你不是對芸芸
眾生訴求，你是對一個人訴求，你的訴求必須能夠打動她
的心。

2. 你的廣告訊息越豐富，就越有說服力

許多人認為一般人不看廣告，因此廣告不要長篇大論，越簡單越好。的確，平常一般人不看廣告，甚至厭惡廣告，但是當他們需要買東西的時候，他們就會注意廣告、閱讀廣告，希望得到更完整的資訊。奧格威說：「我不認為廣告是娛樂或某種藝術形式，廣告是資訊提供者。」

3. 廣告需要大創意

奧格威說：「你要吸引消費者的注意力並讓他們購買你的產品，你需要一個很大的創意。除非你的廣告擁有一個很大的創意，否則它將像在夜晚行駛通過的一艘船一樣，無人注意。」的確，如果你的創意不夠精彩和突出，它就被淹沒在廣告的叢林中。

4. 印象就是個性

奧格威說：「印象意味著個性。像人一樣，產品也具有個性，他們可以在市場上被製造或被破壞。當你選擇一種威士忌品牌時，你會選擇一個印象。傑克・丹尼爾（Jack Daniel's）的廣告展示了一種樸素誠實的印象，從而說服消費者傑克・丹尼爾是高價的威士忌。」產品也有生命、也有個性，它可能是古典或現代、傳統或時髦、嚴肅或活潑、理性或感性……，它的個性會投射到購買者的身上，好的廣告能夠塑造讓消費者認同的個性。

5. 好的標題是廣告成功的一半

奧格威認為：「標題是就像肉上的標籤，它讓目標消費者了解你正在宣傳的產品是那一種。」

好的標題馬上吸引消費者注意，讓消費者知道廣告的重點是什麼。

6. 廣告必須使用消費者的語言

奧格威說：「如果你試圖說服人們去做某事或買東西，你應該使用他們的語言，使用他們每天在用的語言、在想的語言。」廣告要貼近顧客，讓顧客容易了解，因此要使用消費者常用的語言，尤其針對年輕人，更要口語化才能被認同。

7. 廣告必須重視市調

奧格威說：「忽視市調的廣告人就和忽視解碼敵人信號的將軍一樣危險。」市調對於確認顧客的需求和顧客對你的品牌的看法非常重要。

 奧格威談廣告

在 1983 年奧格威出版的《奧格威談廣告》（*Ogilvy on Advertising*）一書，奧格威對於廣告創作和廣告公司的經營則有更進一步的說明。列舉如下：

1. 如何製作能夠銷售的廣告？

奧格威認為做功課很重要，他說：「除非你先做功課，否則你不會有創造成功廣告的機會。」

他指出：「在做功課時，首先要研究你要宣傳的產品。你對要宣傳的產品了解得越多，就越有可能想出一個銷售它的好主意。然後，研究競爭對手為類似產品做過什麼樣的廣告，以及取得了那些成功，這提供你做比較的基礎。最後，研究你的消費者。了解他們如何看待你的產品？他們在討論主題時說什麼？對他們重要的屬性為何？以及最有可能使他們購買你的品牌的承諾是什麼？」

2. 什麼是好的創意？

奧格威認為：「好的創意來自無意識，但是你的無意識必須得到充分的訊息，否則你的想法將無關緊要。」的確，

好的創意常是靈光乍現，但這種靈感不會毫無理由產生，平常你就要不停的收集資訊，不斷研究思考，經過一段時間的醞釀，才會突然出現。

他又說：「如果你問自己 5 個問題，它會幫助你了解什麼是好創意：(1) 我第一次看到它時是不是讓我屏息？(2) 我希望自己能想到嗎？(3) 它有獨特之處嗎？(4) 它是否符合完美的策略？(5) 可以使用 30 年嗎？」

他更進一步指出：「有時，最好的創意就是展示產品，簡單明瞭。這需要勇氣，因為你會被指責沒有創造力。只要你能，就讓產品本身成為廣告的主角。沒有沉悶的產品，只有沉悶的作家。」

最後他說：「如果產品不賣，那就不是好創意。」的確，好的創意不是為了得獎，如果創意不能打動消費者的心因而產生購買行為，就不是好創意。

廣告要能銷售產品，這是奧格威一貫的主張。本書開宗明義他就指出：「當我寫廣告時，我不希望你告訴我你發現它很有創意，我希望你發現它很有趣而去買產品。」他也說：「消費者仍然會購買那些廣告承諾會帶來財富、美麗、營養、健康、社會地位等價值的產品。世界各地都一樣。」

3. 關於標題的重要性

奧格威指出：「平均而言，閱讀標題的人數是閱讀內文的人數的 5 倍。因此，除非你的標題能夠銷售你的產品，否

則你浪費了 90%的資金。」

他說：「最有效的標題是那些能讓讀者受益的標題。長標題銷售的產品多於短標題。」奧格威認為標題並不一定是短的好，最重要是為讀者提供有用的訊息，譬如「如何贏得朋友和影響他人」，讀者看了以後會進一步想讀內文。

50 年代由奧格威開啟的「印象時代」，到 60 年代則被一場新的創意革命所取代。

顛覆傳統的 VW 金龜車廣告

1959 年，在美國的電視中出現了一支廣告影片：

一開始的畫面出現一排豪華的黑色轎車，遠遠的向前行進，然後旁白響起：「我，麥斯威爾・史諾伯利，以健康的身體和心智特此宣布遺囑如下……」畫面掃向坐在車中的一位貴婦，旁白繼續說：「給我的太太羅絲，她花錢無度好像沒有明日，我留給她 100 塊錢和一份月曆。」

接著鏡頭掃向後面一部黑色的勞斯萊斯轎車，車內坐著一位戴墨鏡和另位戴眼鏡的年輕人，旁白說：「給我的兒子羅德尼和維克多，他們把我過去給他們的錢，在漂亮車子和各種女人身上花得一乾二淨，我留給他們 50 元的銅板一堆。」

畫面接著後面一部凱迪拉克黑色轎車的特寫，車內坐著一個西裝畢挺的老頭，左擁右抱著二個漂亮女人，旁白說：「給我的事業夥伴朱勒斯，他的座右銘是花、花、花，我留給他的是零、零、零。」

鏡頭轉向車隊在行進，旁白說：「至於我的朋友和家屬，他們從來也不了解一塊錢的價值何在，我留給他們一塊

錢。」

　　畫面接著是，長長的車隊最後面有一部黑色的 VW 金龜車，車內有一位年輕人悲傷的拿著手帕擦著眼淚，旁白說：「最後給我的侄子哈洛，他常說省一分錢就是賺一分錢，他也常說，麥斯叔叔，擁有一部 VW 金龜車真划算，我留給他一千億的財產。」鏡頭最後仍是一排車隊緩緩向前行駛。

　　這支廣告影片是以一位千億富豪出殯的車隊中，每位送殯者回想他生前遺囑的情景，由幽默的旁白表達他對每位親友的評價並反應他克儉的個性，最後把對 VW 金龜車的讚美巧妙的帶出來，看似輕描淡寫，但卻一語中的，其創意之大膽有趣，令人拍案叫絕。

　　除此之外，另一支 VW 金龜車廣告影片是：

　　一開始畫面出現二家比鄰而立的房子，旁白說：「瓊斯先生和克雷帕勒先生是鄰居。」畫面接著是二人從房中走出，旁白又說：「他們二人各有 3,000 美元，瓊斯先生把這筆錢買了一部 3,000 美元的車子。」這時畫面上在左邊的房前出現一部紅色的豪華轎車。

　　旁白繼續說：「克雷帕勒先生以這筆錢買了一台新的冰箱、一套新的廚具、一台新的洗衣機、一台新的烘乾機和二台新的電視。」這時畫面出現一群搬運工人在房子外面不停的搬物品進入房子裡。

　　旁白繼續說：「還有一部全新的 VW 金龜車。」這時畫面出現一部紅色的 VW 金龜車在右邊的房前。

　　最後工人都走了，只留下兩部紅色的車子在二家門前和一直在旁看別家搬東西的瓊斯先生。最後旁白說：「現在瓊斯先生面臨一個問題：說什麼也要趕上克雷帕勒先生家。」

　　這支廣告影片以比較對照的方式顯示出：同樣 3,000 美元，為了面子只能買一部豪華轎車，但如果要實用經濟，除了買一部 VW 金龜車，還可以買一大堆家電用品。這麼犀利有效的表現方式，不但具有說服力，而且深深打動了消費者的心坎，也讓 VW 金龜車在 60 年代成為中產階級人士的最愛。

　　這是今天被稱為傳奇的 VW 金龜車的廣告，被許多專家認為是廣告史上最好的作品。而 VW 金龜車的廣告創意則出自於 DDB（Doyle Dane Bernbach）廣告公司創辦人威廉‧彭巴克（William Bernbach）之手。

　　VW 金龜車在戰後於美國初登陸的時候，底特律的汽車業者對其嗤之以鼻，認為它既小又醜、難以成大器。然而在彭巴克及其率領的創意人員的精心企劃下，其所呈現的廣告卻令人完全改觀。

　　VW 金龜車不在意業者認為它醜，而是在廣告上以幽默譬喻的方式，推出了「從小著想」（Think Small）的系列廣告，轉化弱點為優點，使消費者改變了觀點，了解它的優異性能、省油和經濟的特點，因而改變對它的看法和評價，創造了令人驚奇的高度銷售業績，可以說是跌破了專家的眼鏡。

1.「從小著想」（Think Small）

拋棄傳統的轎車廣告把車子的圖片放的大大的、占滿整個版面的訴求方式，VW 金龜車的系列平面廣告通常在畫面上都是留白，只有簡單的放著小小的金龜車，未經修飾且經常只有黑白二色，最重要的，像「從小著想」這樣的標題和文案，卻達到閱讀率最高的紀錄，也成為金龜車的廣告經典作。

在 1973 年石油危機發生之前，美國人喜歡的是豪華的轎車，因為它代表了身份、地位和財富，因此 VW 金龜車的引進被認為是很難獲得消費者的喜愛，然而「從小著想」的廣告創意，針對一般的中產階級，提出了小有小的好處的概念，讓一般人對小型車的觀點有所改變，同時單純簡潔的畫面也獲得消費者的注目，這則廣告蘊含了無限的威力和說服性，非常中肯而有效。

2.「檸檬」（Lemon）

繼「從小著想」廣告一炮而紅後，緊接著 DDB 公司又推出標題為「檸檬」（Lemon）的平面廣告，這則廣告又創造了另一傳奇，成為最膾炙人口的廣告。檸檬為俚語，意指不合格被剔除的車子，但是廣告畫面上出現的車子看不出有任何瑕疵。文案重點為：

「這部車子沒有趕上裝船，因為某個零件不合格要更換。你可能不會發現，但是我們的品管人員卻檢查出來。

在工廠裡有 3,389 個人只負責一件事，就是在金龜車生產的每一過程都要經過嚴格檢驗。每天生產線上約有 3,000 個員工，而我們的品管人員卻超過生產人員。任何避震器都要測試，任何雨刷都要檢查——最後的檢驗更是慎乎其事。每輛車都要經過 189 個檢驗點，在煞車檢驗中每 50 輛車就有一輛不合格。因此我們剔除檸檬（不合格的車），而你得到李子（好車）。」

這篇文案談金龜車的品管做法，非常具有說服力，使顧客對 VW 金龜車的性能產生高度的信賴。尤其最後一句「我們剔除檸檬，而你得到李子。」（We pluck the lemons, you get the plums.）更成為讓人朗朗上口的廣告金句。

3.「蛋殼」

另外，標題為「有些形狀是很難改善」（Some shapes are hard to Improve on）的平面廣告也是代表作之一。畫面上表現一個蛋殼上面劃有一輛金龜車，意味金龜車的造型不但不醜，事實上很完美。文案重點為：

「問任何一隻母雞即知，你實在無法設計出比蛋更具功能的外型，對金龜車來說也是如此。別以為我們不曾試過（事實上金龜車已改變過 3,000 次），但是我們不能改變基本的外型設計，就像蛋形是它內容物最適合的包裝，因此內部才是我們改良的地方。譬如馬力加強而不耗油、一檔增加齒輪同步器、改善暖氣……諸如此類的事。結果我們的車

體可以容納四個大人和他們的行李，一加侖可跑大約 32 英哩，一組輪胎可跑 4 萬英哩。當然我們也在外型上做些許改變，如按扭門把，這點就強過雞蛋。」

　　VW 金龜車的這系列廣告成功的改變了買車者的觀點，創造了「小的妙、醜的美」的新風潮，改寫了美國的汽車銷售歷史。

 艾維斯（Avis）轉虧
為盈

　　在 60 年代最成功的廣告當推 VW 金龜車，其次就是艾
維斯（Avis）租車公司的廣告活動。而這二項廣告，都是出
自彭巴克之手。

　　提到艾維斯，幾乎沒有人不知道它最成功的「No.2 定位
策略」。

　　艾維斯成立於 1946 年，雖然到 1953 年已經成為美國
第二大的租車公司，但財務一直處於虧損狀況，甚至到了快
要破產的地步，直到 1962 年聘任了羅伯·陶先德（Robert
Townsend）擔任執行長以後，經營上才有了轉機。

　　陶先德希望能突破艾維斯所面臨的困境，因此他選擇了
DDB 公司做為廣告代理商，他給 DDB 的任務是：「如何以
100 萬美元的廣告預算發揮最大的效果？如何提升艾維斯的
品牌地位？如何讓艾維斯能夠趕上遙遙領先的領導者？」

　　當時在租車業，赫茲（Hertz）是第一位，資本額是艾維
斯的 5 倍，營業額是艾維斯的 3.5 倍。以一個弱勢品牌想要
對抗強勢品牌，當然需要有一套創新而有效的行銷和廣告策
略。因此在 1963 年，彭巴克為艾維斯企劃了一系列顛覆傳統

的廣告活動，其大膽突破的程度甚至超越了金龜車的廣告。

1.「我們更努力」（We try harder）

彭巴克為艾維斯所做的第一個廣告標題是：「艾維斯在租車業只是第二位，那為何與我們同行？」（Avis is only No.2 in rent a cars. So why go with us?）內文是：「我們更努力。（當你不是最大時，你就必須如此。）我們就是不能提供骯髒的菸盒，或不滿的油箱，或用壞的雨刷，或沒有清洗的車子，或沒氣的輪胎，或任何像無法調整的座椅、不熱的暖氣、無法除霧的除霧器等事。很明顯的，我們如此賣力就是力求最好，為了提供你一部新車，像一部神氣活現、馬力十足的福特汽車和一個愉快的微笑。……下次與我們同行。我們的櫃檯排隊的人比較少（意味不會讓你久等）。」

這個廣告坦承自己在業界不是老大，因此不能像老大一樣凡事都不在乎。

在廣告史上，從來不曾出現過這樣的廣告：將自己的公司定位為第二位，這可說是第一個。在當時反對的聲浪很大，事先的廣告意見調查認為不該刊登這樣的廣告，即使刊登出來也會失敗；它會是頗遭爭議的廣告，會讓許多人感覺不舒服，甚至會激怒很多人。但是，彭巴克卻大膽的提出了這樣的創意，而艾維斯的執行長陶先德也獨排眾議，勇敢採用。

事實證明，這項廣告非常成功，以前人們只知道有赫

茲，而不知道有艾維斯。艾維斯的第二位定位策略讓它成功的和第一位連結，讓人們知道有艾維斯的存在。而且因為是第二位，所以「我們更努力」（We try harder），這樣的主張也贏得消費者的認同，除了因為人們同情弱者因而給予艾維斯一個機會以外，它更激勵了那些力爭上游、兢兢業業，屈居老大之下的人們，畢竟這個世界只有一個第一位，如果你不是第一位，你就要更勤奮！

2.「老二主義」（No.2 ism: The Avis Manifesto）

延續這樣的概念，DDB 公司又推出了標題為「老二主義：艾維斯的宣言」（No.2 ism: The Avis Manifesto），在這個廣告中把艾維斯為弱勢團體代言的精神表現得更淋漓盡致。這篇廣告的內文如下：

「我們在租車業面對業界巨人只能做個老二。最重要的，我們必須要學會如何生存。在掙扎中我們也學會了在這個世界裡做老大和老二有什麼基本不同。做老大的態度是：『不要做錯事，不要犯錯，那就對了！』做老二的態度卻是『做對事情，找尋新方法，比別人更努力！』老二主義是艾維斯的教條，它很管用。艾維斯的顧客租到的車子都是乾淨、嶄新的，雨刷完好，菸盒乾淨，油都加滿，而且艾維斯各處的服務小姐都是笑容可掬，結果艾維斯本身就轉虧為盈了。艾維斯並沒有發明老二主義，任何人都可採用它。全世界的老二們，奮起吧！」

艾維斯轉虧為盈？的確，在艾維斯的廣告推出後，馬上引起消費者的注意、認同和支持，因此在二個月內就轉虧為盈了！同時，二年內艾維斯的業績由成長10％增加到35％。

彭巴克為艾維斯所做的平面廣告確實與眾不同，而在電視廣告的表現上也一樣犀利，有一支10秒的廣告影片相當突出。這支影片從頭到尾只以一個公司的主管面對觀眾在說話來表現，但卻非常簡潔有力。

他的旁白是這樣：「艾維斯只是老二，但我們不要因為你同情而租我們的車子。如果我們的車子不是更乾淨，如果我們的櫃檯服務沒有更快，那就讓艾維斯死！美國不需要多一個平凡的企業！」說得是斬釘截鐵，非常有骨氣，讓人留下深刻印象。

不過艾維斯的成功也不單是廣告而已，他們確實也動員全公司員工全力以赴加強服務，說到做到，因而贏得顧客的讚許。

創意革命的領導者

　　VW 金龜車與艾維斯租車公司都是以弱勢品牌翻身獲得成功的最佳實例，難怪有人說彭巴克是 60 年代改變歷史的廣告人。

　　出生於 1911 年，逝世於 1982 年，彭巴克整整活了 70 歲。他在 1949 年成立了 DDB 廣告公司，在這之前，他是格雷（Grey）廣告公司的創意指導。

　　到 60 年代，也就是他創立 DDB 十年以後，也是 DDB 最蓬勃發展的年代。由於洞察時代的改變和掌握消費者的心理趨勢，彭巴克所製作的廣告一下子風靡了那個時代的讀者和消費者，他們欣賞他那睿智、聰慧、幽默的表現方式，從他為客戶所做的廣告上漸漸建立起 DDB 的聲譽起來。

　　到 60 年代結束時，DDB 的營業額已經從 2,500 萬美元成長到 2.7 億美元，業績在十年內成長了 10 倍，DDB 的成長驚人，可以說是到了隨心所欲的地步。彭巴克證明他不但能創造偉大而有突破性的廣告，而且能夠說服客戶接受它，最重要的是社會大眾喜歡它。因此 DDB 一躍成為全美第六大、世界第七大的廣告公司。但即使公司成長那麼大，卻比不上它的聲譽的激增和影響力的擴展。在很多方面，DDB

都是世界最有影響力的廣告公司，而彭巴克則是最受推崇和尊敬的人物。

　　事實上，在 60 年代初期的 DDB 所面臨的競爭者都是比它大 10 倍的大型綜合廣告公司，這些廣告公司無一是弱者，像智威湯遜（J.W.T.）、楊和盧（Y&R）、麥肯（McCann）、BBDO 等都是成長中極為進取、有能力、有智慧且聲譽極佳的廣告公司。DDB 的脫穎而出，固然令人驚訝，但也歸功於彭巴克的遠見，帶來了「新創意」的潮流。結果更多的廣告公司體會到他們最重要的服務不是市場調查、媒體分析或其他輔助功能上，而是在廣告的創意製作上。

　　然而對於群起仿效的競爭者，彭巴克警告說：「在創意的表現上光是求新求變、與眾不同並不夠。傑出的廣告既不是誇大，也不是虛飾，而是要竭盡你的智慧使廣告訊息單純化、清晰化、戲劇化，使它在消費者腦海裡留下深刻而難以磨滅的記憶。廣告最難的就是將廣告訊息排除眾多紛雜的干擾而被消費者認知接受。確實你的廣告必須製造足夠的噪音才會被注意，但這些噪音絕非無的放矢、毫無意義。」

廣告不是科學，而是藝術

　　廣告的技巧，根據彭巴克的詮釋，不在於「說什麼」（What to say）——每家廣告公司都知道說什麼，其差別在於「如何說」（the way you say it）；亦即：「廣告必須具有化平淡為神奇的力量，讓人們記憶更鮮活。」

　　彭巴克的創意哲學，可以從他早在 1947 年的筆記中略窺一、二。他說：「在廣告界有許多偉大的技術人員，他們可以告訴你廣告中用什麼人能夠使你得到更高的閱讀率，一個句子應該這麼短或那麼長，一篇文案應分成幾段較容易閱讀，他們可以告訴你許多事實，他們是廣告的科學家；但是只有一點出入，基本上，廣告不是科學，而是藝術，廣告是說服！而說服是一種藝術，它來自直覺和靈感，它能夠激發消費者內心的渴望。」

　　彭巴克並不反對像市場調查或廣告調查等科學工具的運用，但他極力反對盲目的附從。因此他繼續說：「這並非意味技術並不重要！優越的技術使人更好；但危險的是對創作能力技術先入為主的觀念和技術的錯用。」

　　彭巴克一直相信：「點燃創意的火花不只是把事情做

對。市調人員可以抓對方向，但要使廣告突出，就要激發創意。而創意來自靈感，沒有任何規則或公式。」他又說：「我們必須發展自己的創意哲學，而非讓其他的廣告哲學來牽著我們走，讓我們發展新的軌跡，向世人證實好的品味、好的藝術、好的寫作可以是好的銷售。」

在 1960 年彭巴克更進一步指出：「一個公司花費好多年的時間在商品的研發上，並投資千百萬元在創造商品的差異性上，然後投下大量的廣告告訴人們他們的商品有何不同；但如果他們只是在廣告上強調『我們與眾不同』，而不是在表現創意上有所不同，人們只會把它的商品和它的廣告一樣看做沒有什麼不同。」

在彭巴克的創意風格中，最重要的，他把機智和幽默融入在廣告中，因為他認為廣告應該是輕鬆、無拘無束的，在趣味中推銷商品使顧客毫無排斥之心，才是最有效的方法。事實證明，彭巴克的幽默手法不僅能夠博君一笑，而且具有說服力，因而他所創造的廣告都非常成功，也使他成為 60 年代廣告業最閃爍的明星。

創意要創造 USP

在彭巴克帶來創意革命之前，在廣告界最重要的創意概念為：替產品提出一個「獨特銷售主張」（USP, Unique Selling Proposition）。亦即，每一個產品都必須具有一個競爭者沒有的特點，才會讓消費者容易辨識。

這是達彼思（Ted Bates）廣告公司董事長羅塞・李夫斯（Rosser Reeves）在 1940 年初期所提出的概念。在他 1961年所著作的《廣告的真相》（*Reality in Advertising*）書中，他進一步指出：USP 被廣泛的誤解了，真正的 USP 包括了三個重點：

・每一個廣告都必須向消費者提出一個主張──不只是言語、產品的吹捧或裝飾性的廣告，每一個廣告都必須告訴每一個接收者：「購買這項產品，因爲它所具有的特殊利益。」

・這項主張必須是競爭者無法或沒有提出的。它必須是獨特的，不管是品牌本身所具有的，或是在該類廣告領域中其他人沒有訴求的。

・這項主張必須強到能說服群眾，譬如，能吸引新的消

費者和潛在消費者。

以下就是提出明確 USP 產品的廣告例子：

1. 安那信（ANACIN）止痛藥：「快速、快速，非常快速止痛」

在 1950 年達彼思廣告公司為安那信止痛藥所做的電視廣告，充分的運用了李夫斯的 USP 理論，強調安那信能夠「快速、快速，非常快速止痛」（Fast, fast, very fast pain relief），獲得了空前的成功，使該產品的銷售成長了三倍。

廣告中說：「從全國醫生對止痛藥的推薦所做的調查，3/4 的醫生推薦安那信。醫生了解當頭痛起來的時候，人會感到昏沉、沮喪、緊張，讓神經繃到極點。阿斯匹靈只有止痛一種作用，而安那信同時擁有 4 種成分，可以快速止痛、快速克服沮喪、快速讓緊張鬆弛。我感覺很棒，頭痛不見了，胃也沒有不舒服。難怪安那信就像醫生的處方，具有不同成分的組合，能快速止痛而不傷胃。別忘了阿斯匹靈只有一種止痛作用。服用 3/4 醫生都推薦的安那信。安那信能快速、快速，非常快速止痛。」這個廣告有 4 個特點：

・強調自己產品的特色：「安那信具有 4 種成分，同時解決頭痛、沮喪、緊張 3 種徵兆，並且不傷胃。」

・指出競爭者的缺點：「阿斯匹靈只有一種止痛作用。」

‧強調 3/4 的醫生推薦，具有權威性和公信力。

‧上述 3 個重點均重複一次，結尾也是用重複句：「快速、快速，非常快速止痛。」，讓看到廣告的人一次就印象深刻。

安那信的廣告已成為一般藥品廣告的典範：醫生推薦、強調藥效、重複訴求。

2. 海倫仙度絲 （Head & Shoulders）洗髮精：「去頭皮屑」

寶鹼（P&G）公司在洗髮精的市場居於領導地位，旗下擁有海倫仙度絲、飛柔、麗仕、潘婷、沙宣等品牌，海倫仙度絲從 1963 年起就提出「去頭皮屑」（You get rid of dandruff）的主張，持續沒有改變，因此在市場占有率始終居於第一位。

早期海倫仙度絲的廣告中常會出現：一位上班族在公共場所搭乘電梯或在會議室做簡報，突然低頭發現肩膀上掉滿頭皮屑，這時候就會有畫面和旁白說明海倫仙度絲含有特殊成分，可以徹底去除頭皮屑，讓頭髮潔淨有光澤，因此就讓原來的主角充滿了自信和容光煥發。

寶鹼是 USP 的實踐者，在每一個寶鹼所推出的產品都一定會有獨特的商品特點和消費利益。

3. 象牙香皂（Ivory Soap）：「**純度高達 99.4**％，**它會浮上來。**」

象牙香皂是寶鹼公司最早生產的產品之一，在 1879 年開始推出，在推出的時候就強調它能浮在水面上，因為在製作過程中灌進了一點空氣，讓它比較輕，而且更平滑，更容易出泡泡。消費者對這種會浮的香皂感到很新奇。

在 1891 年寶鹼創辦人的兒子哈雷・波克特（Harley Procter）把象牙香皂送到獨立實驗室去化驗，得到純度高達 99.4％的結果，因此他不但把「純度高達 99.4％，它會浮上來。」（ 99.44％ Pure, It Floats. ）當作廣告詞大力宣傳，還把「純度高達 99.4％」送去商標局申請專利，當作產品的獨特辨識特點，因此讓象牙香皂大為暢銷。

4. M&M's 巧克力 ：「只溶你口、不溶你手」

M&M's 巧克力的特點就是在巧克力外表上裹一層五顏六色的糖衣，以避免溶化。在 1941 年開始推出的時候，是採取硬紙筒包裝，受到二次世界大戰中的美國士兵喜愛，因為可隨身攜帶，又不黏手。二次大戰後即普及到一般市場，1948 年包裝改為現在使用的塑膠袋。

1954 年 M&M's 巧克力開始推出第一支電視廣告，廣告的重點就是「只溶你口，不溶你手」（Melt in your mouth, not in your hands.），結果一炮而紅，使 M&M's 巧克力成為家喻戶曉的品牌，而「只溶你口，不溶你手」也成為經典的

廣告名句。

5. 好自在衛生棉：「就這麼薄薄的一片，讓人幾乎忘了它的存在！」

1981 年寶僑公司（台灣南僑和美國寶鹼合資公司）引進了好自在衛生棉，逐漸打開國內的市場，為了加速品牌的滲透和普及，1986 年寶僑決定透過電視廣告來提升品牌的知名度和形象，因此找了獨立自主、知性和感性兼具的女明星張艾嘉來代言，以獨白的方式和觀眾分享生活的經驗，並巧妙的說出產品的特點：「就這麼薄薄的一片，讓人幾乎忘了它的存在」。簡單有力的一句話，讓女性觀眾留下深刻的印象，也使好自在的品牌市場占有率提高到 25%，成為市場的領導者。

不管是李夫斯的 USP 理性訴求或彭巴克的幽默機智創意風格，到 80 年代後又有一波新的廣告浪潮崛起。

雷根的形象塑造者

1980 年代以後，在眾多的廣告公司中 BBDO 的創意脫穎而出，許多創意人員登上名人殿堂，其中，2002 年才退休的 BBDO 廣告公司總裁菲爾・杜森伯里（Phil Dusenberry）可以說是當代極負盛名的創意大師，才華洋溢，無人能出其右。

他為百事可樂製作的一系列廣告影片，不但榮獲坎城廣告影展首獎，而且還讓百事可樂的品牌形象和銷售迎頭趕上可口可樂。杜森伯里除了擅長以軟性訴求來製作廣告之外，還撰寫電影劇本，並推銷總統。

當雷根參加 1984 年總統大選競逐蟬聯，在步入共和黨大會前，會堂內播放了一段長達 18 分鐘的紀實片，名為「雷根年：又是一個嶄新的開始。」

這部紀實片包括了大多數雷根的活動剪輯和重要的競選演說，畫面上鮮豔的星條旗隨風飄揚，琥珀色的玉米田在陽光下搖曳生姿，老年夫婦微笑的搖著手，小孩頑皮的在街道嬉戲，名流顯貴在白宮橢圓形的辦公室裡把酒言歡。整支影片中沒有政策討論，沒有任何說教的意味，觀眾被這些鏡頭所吸引，他們看到心目中的偶像雷根總統穿梭在人群中和藹

可親、在議壇上談笑風生。

對世人而言，這部紀實片那麼感性、流暢，就像百事可樂的廣告片一樣精彩，讓人留下深刻的印象。這絕非巧合，二者都是當代創意大師杜森伯里的傑作。

杜森伯里是雷根競選總部「星期二工作小組」（Tuesday Team） 中的重要成員，通常在假日和假期工作。「星期二工作小組」的稱呼係來自美國總統大選在星期二舉行的緣故。杜森伯里是總統競選廣告幕後的企畫人，他一共為雷根總統製作了 375 支宣傳影片，大多數反映出他的獨特風格──溫馨、感人的軟性訴求方式。

早在 1976 年，杜森伯里即已開始為雷根的競選效力，對杜森伯里來說，雷根是一位非常理想的演員。他說：「不管有多麼重要的事情在進行，他永遠是笑容可掬，對我們沒有絲毫的厭倦。」他回憶說：「有一次我們進入白宮準備拍攝一支 60 秒的廣告影片，他事先都沒有看過劇本；但是他說讓我們冒點險，把劇本放在一邊，結果他一次就做得非常完美和成功。」

杜森伯里形容他如何為雷根塑造親切睿智的形象，他說：「我是以非常感性的手法表現總統的處世為人，因為那就是雷根帶給社會大眾的感受。他使人們對自己和對自己的國家感覺美好和驕傲。」

電腦的印象創造者

在電視螢幕上播放著這樣的一幕情景：

一群高級主管正在召開一個會議，其中之一向窗外眺望，意外發現一件很奇怪的事情：某些財務部門表現優異的職員，正從他們的車裡取出電腦進入辦公大樓中。

「難道公司允許將公司電腦帶回家嗎？」這位主管問。「不，」有人回答：「這些人是把他們自己的電腦帶到辦公室裡來用。他們的電腦能製作出不可思議、精確無比的圖表，是別的電腦做不到的。」然後這位主管又問：「這部奇特電腦的名字是什麼？」

最後這部電腦被辨認出它的名字就是：蘋果麥金塔電腦」（Apple Macintosh）。這支令人印象深刻的廣告影片，又是杜森伯里的傑作。

儘管蘋果個人電腦在推出時是委託 Chiat／Day 廣告公司為它製作了一支名為「1984」的上市廣告影片，讓它一炮而紅，但在推出商業電腦麥金塔系列時，還是把廣告轉給 BBDO 廣告公司，主要就是看重杜森伯里的創意才華。

蘋果公司交給 BBDO 廣告公司的任務是從 IBM 所掌控的企業用戶市場中打響麥金塔的知名度，同時要維持蘋果電

腦在家庭用戶市場中所建立起來的平易近人的印象。

因此，BBDO 所製作的麥金塔廣告正是典型的杜森伯里的手法。廣告的重點不是在電腦的功能或應用範圍上，而是放在使用者身上。同時表現方式也不是叫賣式的強銷手法，而是採取軟性訴求，並且非常具有戲劇性。

自 1986 年 11 月開始在電視上播放以後，麥金塔的廣告引起廣泛的討論，因為它和傳統的電腦廣告截然不同。某些同業批評說：「雖然廣告影片看起來非常吸引人，但似乎缺乏足夠的硬體訊息來打動企業用戶。」

《廣告時代雜誌》評論說：「麥金塔電腦以高感度、高感性的廣告手法在激烈競爭的廣告環境中讓人耳目一新，取代電腦業一向霸道、野心勃勃且利益導向的訊息傳播方式，值得喝采！但是這個策略也冒了一個風險，因為它不像競爭者 IBM 的廣告訴求那麼直接。」

但是杜森伯里認為企業界人士會審慎的來評斷這個廣告。「在同類商品的廣告中大多數人都掉入一個陷阱，以為叫得更大聲就能把對方壓下去，因而只強調商品而忽略了使用者。」他說：「我們把企業的真實狀況表現出來，企業人士喜歡看到他們在廣告中露面而且表現不俗，這就是這種使用者導向策略的特點，它使人們產生共鳴和認同。」

事實證明，麥金塔廣告很快的在企業人士的心目中建立起專業的形象，讓蘋果電腦繼個人電腦的推出後又成功的跨入了商業市場的領域。

可樂的歡樂製造者

在廣告業，杜森伯里被認定為當代最傑出的創意人員之一。他的作品經常得獎，在 1985 年他替 BBDO 廣告公司贏得了 72 個廣告大獎，成就驚人！而且他為百事可樂所製作的一支名為「考古學家」的廣告影片，更獲得坎城國際廣告影展金像獎，這是這個行業的最高榮譽。

這支廣告影片以諷喻的手法來表現，故事開始為一名 23 世紀的考古學老師帶領一群班上學生，走過 20 世紀的一個家庭廢墟，班上有人在廢墟中發現一瓶老舊斑駁的可口可樂的瓶子。「它是什麼？」學生問。這個滿臉困惑的老師端詳這個瓶子很久以後回答說：「不知道。」然後螢幕拉開，一個充滿百事可樂標誌的世界和廣告詞：「新生代的選擇」（The Choice of a New Generation）出現。

杜森伯里的廣告影片，尤其是為百事可樂所做的，有時就好像電影情節的一部分，或像一場拉斯維加斯秀，那麼引人入勝。他在百事可樂的廣告中注入了無限的歡樂。連他的競爭者可口可樂的廣告代理商麥肯（McCann Erickson）公司的副總裁柏金也推崇他說：「杜森伯里的廣告簡單有力，具有無限的魅力。」

　　在杜森伯里的廣告影片中幾乎都有一個高潮的轉折或是驚喜或劇劇性的時刻——年輕小孩隨著百事可樂的廣告歌曲節奏在街頭模仿麥可傑克森的舞姿跳舞，一轉身意外發現他的心中偶像麥可傑克森真的出現在面前。

　　除了麥可傑克森以外，杜森伯里也選用許多大牌歌手，包括萊諾李奇、瑪丹娜、蒂納透納這些年輕人的偶像在百事可樂的廣告影片中。杜森伯里知道年輕人崇拜偶像，熱愛音樂與電影，因此除了以歌星為主的廣告影片以外，也模仿當時最熱賣的電影《大白鯊》、《E.T.》等電影情節，拍了一系列的廣告影片，非常輕鬆有趣。

1. 「大白鯊篇」

　　畫面開始，一群身穿比基尼和短褲的年輕男女在沙灘上，有的在嬉戲，有的在曬日光浴，突然在人群中傳出尖叫聲，一隻大白鯊出現，靠近人群，人們紛紛閃避，大白鯊突然停下來，鏡頭拉高，原來是一個服務生端了一杯加冰塊的百事可樂到撐著太陽傘、坐在涼椅上的年輕人身邊，在百事可樂的杯上插有一根大白鯊造型的紙旗。然後百事可樂的商標和「年輕人的選擇」字樣出現。

2. 「E.T. 篇」

　　畫面開始，一個飛碟在天空出現，盤旋在半空中，地面上有二部自動販賣機，一部是可口可樂的，另一部是百事

可樂的。飛碟艙門打開，先從可口可樂的自動販賣機要了一罐可口可樂，吸進艙內，隔了幾秒，把那罐可口可樂丟了出來，再從百事可樂的自動販賣機要了一罐百事可樂也吸進艙內，又隔了幾秒，艙門打開，把整部百事可樂的自動販賣機吸進去。最後百事可樂的商標和「年輕人的選擇」字樣出現。

杜森伯里認為百事可樂在面對營業規模和廣告預算都比它大的競爭者可口可樂，絕不能再採取「me-too」（我也是）的策略，而應該針對年輕人做訴求，獲得年輕人的認同，因此在廣告上就要更大膽創新，這是杜森伯里所主張的「領先勝出策略」。

和蘋果的麥金塔電腦一樣，杜森伯里的百事可樂廣告也是把注意焦點放在飲用者的身上比放在商品上來得多。它在廣告影片中充分的表現百事可樂給人們帶來的消費利益——歡樂。「我永遠在發掘情感！」杜森伯里說：「在一個幾乎所有商品都沒有很大差異的狀況下，唯一的差異通常就是人們對這商品的感覺。」

杜森伯里也以這種方式為奇異（GE）電器塑造一個溫馨美滿家庭的印象。他給奇異創造的廣告主題是：「我們給人生帶來美好事物。」（We bring good things to life.）

電影的劇本撰寫者

　　杜森伯里是紐約布魯克林（Brooklyn ）一位計程車司機六個孩子中的長子。在平林（Flatbush）鎮長大，進入中木（Midwood）高中求學，擅長於打棒球和踢足球，他的同學包括名導演伍迪艾倫（Woody Allen）。

　　如果讓他自己選擇的話，他希望成為一個專業的棒球選手，但事與願違，他的身高一直沒有達到 5 呎 6 吋，因此他的大學棒球生涯也受到影響，他在艾默里和赫尼（Emory & Herny）大學只上了一學期，由於訓練計劃中斷，獎金也泡湯，因而學業中斷。

　　由於無法付學費，杜森伯里就回到紐約，開始他最早的工作生涯，作一個職業歌手，後來轉為擔任 DJ。

　　在經過消除濃厚的布魯克林鄉音的語言訓練（並未完全消失）後，他到維琴尼亞州的一個小電台，在那裡開始擔任他的第一個廣告的工作——為當地的商家撰寫廣播稿，然後他發現他喜歡幹這一行。

　　他一直擔任文案撰寫工作，到 1962 年有了一個大突破，他進入 BBDO 廣告公司擔任文案人員。幾年內他一直為主要的客戶工作，因此擢升得很快，到 1965 年他已成為公

司歷史上最年輕的副總經理。

1980 年他被擢升為 BBDO 創意製作部門主管，到 1986 年更被任命為 BBDO 美國總公司的總裁和創意總監。這種改變，不僅僅只是他個人而已，也反應 BBDO 公司經營層的重新安排。由於 BBDO 與 Needham Harper 及 DDB 三家廣告公司合併為 Omnicom Group Inc. 集團廣告公司，因此有了人事上的異動。

除了擔任 BBDO 廣告公司總裁，杜森伯里也聞名於華盛頓和好萊塢。他為雷根總統擔任競選廣告活動幕後策劃，他也為好萊塢電影撰寫劇本。《大陰謀》（*Hail to the Chief*）一片係針對 1973 年水門政治事件所做的諷刺性描述。《天生好手》（*The Nature*）則是改編馬爾穆德（Malmud）原著，描寫一個棒球員的故事，由勞勃瑞福主演，在 1984 年上映。這二部片子都是杜森伯里非常膾炙人口的作品。

未來的軟性訴求者

　　灰白頭髮，隨時都面帶微笑，但對某些同仁來說卻被視為工作狂和很難纏的上司。他的支持者說他是一個很單純的完美主義者，雖然投身廣告業 40 年，仍然對這行業充滿無限的狂熱。

　　杜森伯里對工作的品質要求非常高，為了達到第一流的廣告水準，他也不惜重金禮聘最優秀的創意人才，像鮑伯‧吉拉帝（Bob Giradi）執導麥可傑克森的百事可樂廣告。他不僅運用最新的電影手法，同時也使用與史蒂芬史匹伯和喬治盧卡斯一樣的特效技巧。

　　當在 BBDO 任職的時候，他的旗下有 200 多人從事創意製作的工作。在 60 年代中期，他率先採取「生活型態」（Life Style）的方式，表現百事新生代的廣告，不但造成轟動，而且掀起仿效風潮；由於生活型態廣告到處氾濫，因此他在 80 年代改採「大卡司、大製作、大創意」的方式，使他人無法模仿追隨。

　　他指出：「很明顯的，觀眾並不是閱讀每一個畫面，而是感受到廣告訊息給他們帶來的衝擊力。」因此，具有視覺震撼的軟性訴求方式，才是未來廣告的主導。

在道奇（Dodge）汽車的電視廣告中，車子開上摩天大樓的頂端，直入雲霄，恍如置身夢境，使道奇改變傳統老舊的品牌印象，變成摩登現代化。

在百工（Black & Decker）工具公司的電視廣告中只看到一連串的電鑽在各種場合做工的畫面，沒有任何廣告旁白，只有在最後結尾時出現一句廣告詞：「做就要像百工一樣！」它打破廣告永遠要表現你說什麼和你在做什麼的規則，而是以逼人凝視的視覺畫面，那麼單純有力，使你感受到它的訊息。

在康德（Contact）感冒藥的廣告中，一反傳統感冒藥表現患者痛苦表情的臉龐，而改以充滿活力的腳步和快節奏的音樂，訴求「我們讓美國人馬不停蹄！」這些都是杜森伯里的創意和傑作。

對 BBDO 廣告公司和杜森伯里來說，他們逐漸放棄理性的訴求方式，「我們現在更專注於廣告是消費者對品牌經驗的投射這種觀念，我們更確信消費者要的是歡樂、愉悅、溫馨、感性和充滿人性的訴求，而非強迫式的推銷觀念。」

因此，軟性訴求的表現方式將會在未來的廣告和行銷中越來越受重視，原因是商品線延伸和市場區隔化策略並未解決市場上同類商品充斥的問題。市場的餅越切越薄，而商品之間的差異化越來越少，強壓式和說理的廣告對消費者來說，都是千篇一律，一點也不感動。

在百事可樂的廣告中，除了歡樂以外，又增加了未來的

接觸，以太空船和飛碟為主題的廣告就有好幾支。「年輕人今天不僅對溫馨的家庭時光感到憧憬，他們更嚮往具有高科技和創新的事物。」杜森伯里說：「在廣告影片中採用科技，很容易表現出現代感和領先潮流的定位觀念。」

　　總而言之，當代創意大師杜森伯里的傑出是在於洞燭機先，體會現代人的情緒，以軟性訴求的方式，出神入化的技巧，表現別人沒有和做不到的創意。

　　從 40 年代到現在，不同的廣告大師帶來了不同的創意理論，不管是印象訴求、理性訴求、感性訴求，只要能夠打動消費者的心就是好的創意方法。人性是不變的，改變的只是訴求的方法。

8

銷售課
從推銷到發揮影響力

永遠是人人必備的技能,從推銷到發揮影響力,我們無時無刻不在「轉動」別人,發揮溝通影響力,讓周遭的人更好,也讓世界更美好。

15 年間賣掉 13,001 部汽車

在 1963 年到 1978 年他賣掉了 13,001 部汽車，他的紀錄至今無人能破，被金氏世界紀錄稱為最成功的推銷員，他就是喬・吉拉德（Joe Girard）。

吉拉德出生於美國密西根州底特律市東區的貧民區，他從小就打工賺錢，並且了解：「只要努力工作和堅持就會有收穫」。

9 歲的時候吉拉德在酒吧裡幫客人擦鞋，11 歲的時候他替底特律自由報（Detroit Free Press）送報。他發現報社對於招攬到新訂戶的人就會送他一箱百事可樂做獎勵，因此他開始挨家挨戶推銷報紙，結果他家房子後面的舊穀倉很快就堆滿一箱箱的百事可樂，除了自己家人喝以外，他開始轉賣給鄰居兒童；並且他因為參加招攬新訂戶比賽獲得冠軍而得到一部全新的自行車，因此從小他就嶄露推銷的天分。

從 14 歲開始，他又陸續做過洗碗工、碼頭卸貨員、送貨員、酒店跑腿人員和泳池清潔工，幫家裡賺更多錢。

11 年級（美國小學到高中是 12 年制）時他被退學，因此 16 歲他就在密西根爐具公司找到一份全職工作，擔任爐

具裝配工，每週工作 6 天，每天工作 12 小時，可以賺 75 美元。離開爐具公司後，他去了一家水果和蔬菜供應商擔任助理工作，但有一天他意識到這種工作沒有前途，因此在 18 歲時加入了美國陸軍步兵團，但是 97 天後因為從一輛超速行駛的軍車後方墜落並嚴重傷害了他的背部而退役。

退役後他換了很多工作都不如意，但他不氣餒，後來他碰到一位熱情慷慨的建築承包商沙伯斯坦（Saperstein）先生，沙伯斯坦邀請他進入建築行業，並且成為他的教父，教導他一切的知識，沙伯斯坦退休後並且把業務轉交給吉拉德。

接手建築公司後，吉拉德和一個地產商簽約在底特律的一個分區建造一些私人住宅，該地產商騙他説該地區將安裝下水道系統，但事實並非如此，每戶必須安裝個別的化糞池，結果大大降低了房屋的價值，讓他賠了 6 萬美元，這是他一生中最低潮的一刻。

1963 年 1 月，時年 35 歲的他，有一天當他太太淚流滿面的告訴他家裡沒有食物、孩子沒有東西吃時，當天他硬著頭皮走進一間底特律的雪佛蘭汽車經銷商，懇求經理僱用他作為推銷員。起初經理不情願，因為他缺乏經驗，並且在 1 月份是傳統淡季，汽車銷售緩慢，但吉拉德表示他只會在經銷商後方的某個地方擺一張桌子打電話給潛在客戶，結果那天晚上，他就賣掉了他的第一輛車，並且從經理那裡借了 10 美元，買了一袋雜貨帶回家。

　　接下來的第二個月，他又銷售了 18 輛車，他以為工作比較穩定了，結果出乎意料的是他被解雇了，原因是其他一些推銷員忌妒他，他們向老闆抱怨說他過於咄咄逼人。

　　但是吉拉德知道他可以成為偉大的汽車推銷員，而他也準備好要向全世界證明他有這個能力，因此他很快就在密西根州摩羅里斯（Merollis）的雪佛蘭經銷商找到了工作，直到 1977 年退休。在那裡，他創造了一個連續 15 年的輝煌銷售紀錄，無人能夠超越。第一年他賣了 267 輛車，第四年他賣了 614 輛車，非常驚人。

　　吉拉德是一個積極主動的人，他可以隨時把他的靈感和態度傳達給他人。在他出版的第一本書《如何賣任何東西給任何人》（*How to Sell Anything to Anybody*）中說：「善用你的時間和金錢，對建立你的事業有非常大的幫助，你必須不斷尋找新的、更好的方法來做到這一點。」

吉拉德的 10 個推銷祕訣

1. 推銷是買賣雙贏

顧客和你一樣是人，當一開始他要跟陌生人做生意時自然會焦慮和保持懷疑的態度，但如果你能夠克服顧客最初的恐懼，讓他感覺和你做生意很安全、沒有風險，你就有很大的機會可以成交。成交應該是賣方和買方都贏的局面，你做成生意獲得報酬，你的客人得到產品或服務的好處。

2.「250 法則」

吉拉德發現「每個人一生中都會認識 250 個人，重要到你會被邀請去參加他們婚禮或葬禮」，這就是「250 法則」。因此你賣東西給一個人，你如果把他照顧得好，你就有機會賣給 250 個他的朋友和家人，反過來說，你服務態度不好，你不是得罪一個人，你是得罪 250 個人。隨著社交媒體的普及，口碑傳播的速度比以往任何時候都更快，因此客人對你的評價影響你的生意可以說是立竿見影。

3. 要想收穫就要先播種

你需要播種才能獲得收穫，大多數的銷售並不是立即就發生的，你的推銷需要時間才會有結果，因此你要不斷的播種。就像坐摩天輪一樣，永遠有客人下來，永遠有客人上去。銷售也是如此，在有人成交離開之前，你就要開發一個新顧客補上，把座位補滿，因此你的生意才能源源不斷。

4. 永遠讓你的客人把你的名字擺在第一位

你必須做到只要向你買過東西，客人就不會跑掉，下次他們或他們的朋友要買東西的時候就會第一個想到你。因此吉拉德每月都會寄一張他親手寫的卡片給客人，每年會寄一張生日卡給客人，為的是定期提醒客人他的存在。開發客人不容易，但要維護客人更重要。

5. 「獵犬計畫」

吉拉德會布樁，運用一些人幫他推薦生意，這些人他稱之為「獵犬」，他最喜歡的「獵犬」包括理髮師、銀行行員、拖車服務人員和汽車維修人員。他的作法是把他的名片交給推薦人，有人要買車，推薦人就給想買車的人他的名片，並把推薦人的名字寫在他的卡片背面，只要成交，他就會付給推薦人佣金。

6. 贏得顧客的信任

　　讓顧客認識、喜歡和信任你非常重要，因為人們習慣從他們認識、喜歡和信任的人那裡購買東西。吉拉德有一本小冊子，紀錄往來客戶的細節，他們的家庭狀況、興趣和喜好等，因此每次見面，他馬上能和客人打成一片。

7. 讓客人嘗試

　　讓客人試用你的產品或服務，或送客人免費樣品。人們喜歡嘗試、觸摸、把玩產品，如此可以引起他們的好奇心、刺激他們的購買慾望。無論你銷售什麼產品，務必讓你的客人能夠參與或體驗。

8. 滿足客人需求

　　找出客人想要什麼，然後滿足他們的需求。譬如客人上門買車，吉拉德會問他們想買什麼樣的車子，家裡有幾個人，如果對方家裡有 5 口，包括夫妻和 3 個小孩，吉拉德就不會試圖向他們推銷二人座的跑車，而會推介他們旅行車或 SUV。你不能為了推銷而推銷或為了賺錢而推銷，你要站在客人立場，為客人著想，這樣做生意才會長久。

9. 集中精力做自己最擅長的事

　　吉拉德最擅長推銷以及和客人打交道，因此他把文書和辦公室的瑣碎事務交給其他人去做，這樣他可以節省時間，

集中精力做自己最擅長的事。

10. 做好售後服務

一旦客人成交後，吉拉德會把客戶的資料詳細歸檔，並寄上感謝卡，而且經常和客人保持聯繫。吉拉德指出，成交以後仍要繼續耕耘，要將客戶視為長期投資。一旦吉拉德把車賣給某人，他就希望將來所有這個客人要買的每輛車都是向他買，包括他們的家人和朋友，因為做好售後服務，讓客人滿意他們就會推薦別人購買。

23 年間賣掉 16,000 架飛機

　　他推銷的是世界上最貴的商品之一，平均每架售價 8,000 萬美元的飛機，從 1994 年以來，他總共賣掉了 1.6 萬架飛機，平均每天賣出 2 架，價值總和超過 1 兆美元，他就是空中巴士（Airbus）集團的營運長約翰・雷義（John Leahy）。

　　約翰・雷義出生在美國，擁有錫拉丘茲大學（Syracuse University）的 MBA 學位。1977 年他到派珀飛機（Piper Aircraft）公司擔任業務主管，派珀飛機是一家小型通用航空飛機製造商，他負責所有的業務開發，包括業務談判、會議和參加航空展，他只用了 1 年的時間就賣出了 38 架飛機，是該公司之前 3 年的業績總和。

　　1984 年他接到一位獵人頭公司的電話，問他願不願意加入空中巴士北美公司擔任頂級業務員。因為雷義一直希望能獲得歐洲經驗，因此獵人頭公司建議他應該為一家歐洲公司工作。雷義答應了，他在 1984 年 8 月加入空中巴士北美公司，1988 年成為銷售主管，負責北美市場的開發。

　　當時大多數美國主要航空公司都是波音公司的客戶，雷義的第一筆交易是向美國西北航空公司出售 A320 飛機，西

北航空公司過去也一直是波音公司的客戶。

美國沒有航空公司訂購過 A320，因此要打破先例是一個問題。雷義回憶當時的情況，他說：「沒有人因為電腦採購 IBM 而失去工作。同樣的，如果你買了波音飛機，結果買錯了，那是波音公司的錯，不是你的錯。如果你改變策略買了這架瘋狂的歐洲飛機結果發現錯誤，這些決策主管的職業生涯從此就會結束。因此最安全的賭注總是與波音公司合作。」

為了扭轉局勢，雷義出了奇招，他向西北航空公司主管提出建議，西北航空可以用 100 架飛機的優惠價先買 10 架空中巴士，如果滿意的話，再陸續訂購其他 90 架。結果西北航空先後總共訂購了 145 架空中巴士。

西北航空的成功，使得空中巴士在美國打開了市場，於是第二年雷義再出奇招，他為美國航空公司提供了 25 架 A300 飛機的租賃服務，他對美國航空公司主管保證，如果不滿意的話 100％退款。結果美國航空不但租賃了 25 架，還多買了 10 架 A300 飛機。

美國西方航空公司後來收購了美國航空公司，但是仍然保留了美國航空公司的名字，並且總共訂購了 400 架 A320。這使得空中巴士在美國市場大獲全勝，也逼使波音飛機加速研發，推出了新一代的噴射客機波音 747。

雷義在 1984 年進入空中巴士公司的時候，空中巴士的市占率只有 13％，1994 年雷義被任命為空中巴士總公司的

營運長，他在 1995 年 1 月向董事會提出了將空中巴士的市占率目標訂為 50％，當時董事會都認為這個目標無法實現，他們認為能達到 30％ 已經很不錯了，因為在 1995 年空中巴士的市占率只有 18％，但是雷義鍥而不捨，只花了 4 年時間，在 1999 年就讓空中巴士的市占率達到了 50％。

在 2001 年美國發生 9/11 襲擊事件之後波音公司的業務陷入低迷，因此空中巴士公司又連續 9 年超越波音公司的銷售。而且雷義在新的空中巴士旗艦 A380-800 客機和 A380-800F 貨機推出方面也發揮了重要作用，隨著 2007 年 10 月新加坡航空公司的採購，A380 已經成為世界上最暢銷的客機，超過了波音 747。雷義在 2018 年 1 月退休，但是他已經成為航空史上的傳奇人物。

雷義的 8 個推銷祕訣

　　儘管吉拉德是個人式的推銷工作，而雷義是團隊式的推銷工作，但是雷義本身還是一流的推銷員，在退休後他分享他的推銷祕訣如下：

1. 推銷就是推銷你自己

　　雷義有一句名言：「賣產品就是賣自己。」的確，最好的推銷員，一定是最有熱誠、最有活力、最有感染力的人。沒人願意和一個看起來儀表不整、談吐不佳、無精打采的人做生意。

2. 立即行動，不要等待

　　對於銷售來說，機會是不等人的，你的競爭對手隨時都會乘隙而入。因此對客戶必須表現積極，馬上行動，千萬別等待！

3. 設定能力可及的目標

　　設定高成長目標固然很好，但是不要好高騖遠，不要不切實際的追求自己做不到的目標。雷義認為：「銷售成功的

關鍵在於信心」，因此不要一開始就做不到，讓自己的潛力無法發揮。他建議採取循序漸進的方式，給自己設定一個時間表，每個階段逐步去完成。他說：「我相信一次又一次的自我認同，將帶來最終的成功。」

4. 深入了解自己的產品

對自己產品的了解越深入越好，雷義指出：「了解自己的產品，目的是為了找到自己的產品和用戶需求的匹配點，了解得越多，越容易找出匹配的点，成功率也就越高。」因此雷義認為對於自己產品的了解是永無止境的。同時你不僅要了解自家產品，也要了解競爭者的產品，這樣你才能說出你和競爭者的差異在那裡。

5. 所有的推銷，在見面之前已經開始

雷義曾說：「當你遇到客戶才開始推銷，那你已經落後100年了。」雷義強調，在和客戶見面之前，你必須做好充足準備，要瞭解客戶的背景、客戶的類型、客戶的需求、客戶可能問的問題、我們的產品特點、可能碰到的狀況等等。同時雷義也強調平時要鍛鍊好身體，保持最佳精神狀態，在和客人見面時能夠神采奕奕，留下最好印象。

6. 推銷如打仗，要有最佳武器

以往空中巴士的業務人員在展示自家的高科技飛機

時，都是用投影片作說明，雷義一上任，立刻把這套方法換掉，花了巨資請著名的導演為空中巴士拍攝宣傳影片，因為他說：「賣高科技產品，就要用高科技去展示。」想要表現一流的產品，就要用一流的宣傳。同樣的，為了推廣空中巴士的巨無霸 A380 飛機，他在參加航空展時特別在現場安裝了一台 A380 飛機模擬駕駛器，結果造成轟動。

7. 教育顧客

雷義強調推銷員必須非常專業，能夠提供顧客完整的資訊，協助顧客了解公司的產品，以及產品帶給他們的好處。因此，好的推銷員要懂得如何教育消費者，成為顧客的朋友或老師，才能贏得顧客的信任。

8. 善於謀略

雷義重視謀略，他認為要攻城掠地一定要有大膽作為，不能一成不變；而且要出奇招，讓顧客驚喜，才能改變顧客心意。

人人都是推銷員

　　專門替美國前副總統高爾撰寫演講稿，同時也是紐約時報暢銷書作家丹尼爾·平克（Daniel H Pink），在他的《銷售來自人性》（*To Sell Is Human*）書中提到，有一天他決定研究一下他如何度過他的時間，因此他打開筆記本電腦和日曆，嘗試了解過去兩週他實際完成的工作，包括參加的節目、旅行、吃飯、電話會議、讀過和看過的所有內容，以及與家人、朋友和同事進行的所有面對面交談和發送的電子郵件、部落文、推文，短信等。

　　結果他發現一個驚人的事實：他是一個推銷員。雖然他沒有在賣東西，像賣汽車或推銷藥品，但是除了睡覺、健身和休息以外，大多數的時間他都在哄騙、說服、影響別人做決定，譬如他努力說服雜誌編輯放棄一個愚蠢的故事想法、勸說一個潛在的商業合作夥伴加入、要求他參加的一個組織改變策略。

　　因此，當他深入觀察和思考後，他得到一個結論：「人人都是推銷員。」不管你的工作或角色是什麼，你每天在做的事，直接或間接都和銷售有關。包括你讓陌生人閱讀一篇文章、讓一位老朋友幫助你解決問題，還是讓你的兒子在棒

球練習後參加比賽，你的工作和業務員沒有什麼不同。無論喜歡與否，人人都是在銷售。

丹尼爾·平克指出，根據勞動力的統計，今天的社會中有 1/9 的人靠賣東西為生，他們是汽車經銷商、保險人員、房屋仲介、傳銷人員等，這些人是直接的銷售人員；但是其他 8/9 的人都是間接的銷售人員，他們是經理、領隊、醫生、老師、藝術總監等，他們將大量的時間花在平克稱之為「非銷售的銷售」上，他們也是在勸說、說服、哄騙和影響人們，在和別人進行交易，譬如要你給他們一些東西來換取他們要的東西。但是他們換取的不一定是金錢，他們換取的是時間、注意、努力等。

從廣義的角度來說，勸說、說服、哄騙和影響人們就是推銷。只是，當你告訴人們你在推銷時，大多數人都不喜歡被推銷。平克把勸說、說服、哄騙和影響人們的方式統稱為「轉動」（moving）別人。

ABC「轉動」方法

在《銷售來自人性》書中，平克提出 ABC「轉動」方法，A 是 Attuning「調整」，B 是 Buoyancy「保持浮力」，C 是 Clarity「保持透明」。

1. Attuning「調整」

所謂的「調整」是我們必須具有從別人的角度看問題，並根據他們的狀況採取行動的能力。

今天我們要「轉動」別人，我們必須要能夠進入別人的思想並通過他們的眼睛看世界。「調整」意味著理解別人在想什麼。在和別人交易過程中你要放棄主觀，這將讓你更清楚的看到對方的視角，幫助你將對方「轉動」到你要的方向。一般人以為成功的推銷員都是外向、善於交際，但是根據最新的研究結果，過於外向實際上會損害銷售，因為一個善於吸引別人注意力、善於交際的人不會傾聽客戶的意見，也不會從他們的角度看問題。最成功的推銷員既不外向，也不內向，他們善於傾聽客戶的意見，然後進行銷售。

「調整」還有一個祕訣就是模仿，模仿別人的口音、姿勢和行為，能夠很快被別人接受、認同和信任。利用模仿結

合推銷技巧可以增加銷售成果。

2. Buoyancy「保持浮力」

推銷人員每天都會面臨拒絕，要在拒絕的海洋中生存，你需要保持浮力，不被淹沒。

為了應付拒絕，你需要勇氣，讓自己能夠漂浮在無聲的海洋中並且日復一日的繼續銷售，而不會失去信心，因此你必須懂得替自己打氣、激勵自己；並且在銷售之前，使用心智模擬方法，對自己問問題，譬如：「我們如何解決這個？」可以幫助你釐清和解決問題，這是因為詢問自己迫使你在心理上找到答案，提前發現可能的銷售策略和新的動機。

另一個重點是保持積極態度，這有助於你擴大視野，更好的了解客戶問題，並在被客戶拒絕最初的提案時能夠提出替代解決方案。

此外，當你被客戶拒絕後你如何處理拒絕？研究發現，將拒絕視為暫時性的銷售人員比將拒絕視為永久性的銷售人員更會賣東西。譬如顧客不買東西認為顧客只是暫時不需要，仍然努力推銷的人，最後業績都做得很好。相反的，顧客不買東西就認為顧客不需要的人，往往做不出業績。

3. Clarity「保持透明」

在網路時代，銷售和以前有很大的不同，最大的不同是

資訊透明化，從以往賣家主導轉變為買家主導。

　　在以往賣家掌握資訊，因此利用資訊不對稱，讓買家吃了虧；但現在，消費者在購買東西時會先搜尋、比價，取得完整的資訊，此外透過網路，也很容易掌握賣家的信用，因此今日推銷的方法也有很大的不同，必須保持透明化。

　　互聯網已經使銷售人員的誠實和透明度變得至關重要，並且已經將其角色從訊息掌控者轉移為幫助客戶在資訊爆炸下取得正確資訊的顧問。如今消費者可以在網上購買任何東西，但這並不意味著他們的問題正在得到解決。能夠為消費者發現問題，然後找到解決方案的銷售人員才是客戶需要的。

錯誤的標價產生意外的結果

　　有一位女士在美國亞利桑那州開了一家印度珠寶店，她進了一批綠寶石來賣，正好趕在旅遊旺季的高峰期，店裡來了滿滿的客人，綠寶石的品質很好，價格也很公道，但卻一件都賣不出去。儘管她拚命的推銷，嘗試不同的銷售技巧想讓顧客心動，要求店員努力推薦，甚至把綠寶石的位置放到最中間的陳列區，希望能引起顧客的注意，但是都賣不動。

　　最後，在失望之餘，在她準備離開店去城外買貨的前一天晚上，她潦草的寫了一張條子交給店內的售貨員，條子上交代：「一切擺在這個展示櫃裡的綠寶石，價格 ×1／2。」她希望能夠趕快把這批貨賣掉，即使賠錢也在所不惜。

　　幾天後她回來時，發現店裡的每件綠寶石都被賣掉了，她並不感到驚訝。不過她卻很震驚的發現，她交給售貨員的條子，因為字跡太潦草，售貨員把『1／2』看成『2』，結果所有的綠寶石都以原價的兩倍賣光光。

　　她感到匪夷所思，原價賣不動，結果錯誤的標高一倍價格的綠寶石反而賣光了，到底是什麼原理？她想到她有一個心理學的專家朋友也許可以解釋，因此她打電話給他，請教

他原因為何。

　　她請教的這位專家是羅伯特・席爾迪尼（Robert Cialdini）博士，是美國亞利桑那州立大學的心理學教授，也是史丹福大學和加州大學的客座教授，同時也是暢銷書《影響力：說服心理學》（*Influence: The Psychology of Persuasion*）的作者。

　　根據羅伯特・席爾迪尼博士的解釋，人們其實無法判斷綠寶石的真正價值，當對一樣商品（尤其是綠寶石）所知有限時，根據他們根深蒂固的想法：「貴就是好」、「越貴代表越好」、「一分錢一分貨」，因此價格是他們唯一判斷品質的線索，當綠寶石價格被錯誤標高一倍時，卻反而讓顧客產生錯覺，這才是真正的好貨，因而被搶購一空。

　　為什麼人們會有「一分錢一分貨」的想法？因為他們在過去的生活體驗中有過「你付出什麼樣的代價你就得到什麼品質的商品」這樣的規則，然後這條規則在他們的生活中反復出現，沒過多久，他們就有了將規則翻譯成「昂貴＝好」的概念。

　　由於「昂貴＝好」在通常的情況下對他們來說效果很好，物品的價格隨著價值的增加而增加，較高的價格通常反映出更高的品質。因此，人們就會掉入一個陷阱，當商人刻意炒作一樣商品、哄抬物價時，人們就會一窩蜂的搶購，譬如曾經盛行一時的養紅龍、買天珠熱潮。

6 個影響力法則

羅伯特 · 席爾迪尼博士指出：長期以來研究人員一直在研究影響我們對其他人的要求說「是」的原因。毫無疑問，我們如何被說服是一門科學，而且有很多的發現都讓人驚訝。

譬如一般認為人們在做出決定時會考慮所有可用的訊息來幫助他們的思考，但現實往往並非如此。由於我們處在一個資訊爆炸、數量超載的生活中，因此人們反而採取直覺或經驗法則來做決策。因此，為了揭開人們如何被說服的祕密，羅伯特 · 席爾迪尼博士不僅僅透過大學生做調查和研究，甚至隱藏自己的身分去應徵一些企業工作，「臥底」了解二手車銷售員、行銷專業人士、電話推銷員他們為了生存如何透過說服來影響其他人。

他將他的發現在他出版的《影響力：說服心理學》中歸納為 6 個影響力法則，任何人都可以在日常生活中使用這些法則，法則如下：

1. 互惠
當有人幫助我們的時候，我們也會傾向於回報他人的善

意，也就是說，當你收到別人的禮物、服務或善意行為，你也會同樣對待別人。譬如有朋友邀請你參加他們的聚會，下次當你舉辦派對時你就會邀請他們參加，因此禮尚往來是大多數人都認同的做人原則。

由於在美國吃完飯是要給小費的，因此羅伯特 · 席爾迪尼博士特別對於在餐館裡人們的行為做了一系列的研究，想要瞭解如果人們在餐廳吃完飯結帳的時候，服務員送給你一份禮物，譬如是幸運餅乾或是薄荷糖，會對人們給小費有什麼影響？

如果你問：「服務員在用餐結束時給你薄荷糖，會影響你給小費嗎？」大多數的人答案是否定的，但是實際的結果卻大出意料之外。

這項研究中顯示，在用餐結束時給客人一顆薄荷糖通常會增加小費大約 3％。有趣的是，如果禮物加倍，亦即給二顆薄荷糖，小費不止翻倍，它高達四倍，增加了 14％。但也許最有趣的是，如果服務員給完一顆薄荷糖，開始離開餐桌，但突然停下來轉身說：「看起來你們人很好，就額外再多給你們一顆薄荷糖。」結果小費增加 23％。仔細深入研究發現，其實真正影響小費高低的不是禮物本身，而是服務員給禮物的態度。

這個研究說明了你先對別人好，別人就會對你好，甚至加倍對你好。人們會向你回饋他們從你那兒得到的那種禮遇。如果你先做一些事情，給他們一個有價值的物品、一條

訊息或一個積極的態度，它都會回應到你身上。關鍵是你要先示好。 如果你對陌生人微笑，陌生人就會對你微笑。這基本上就是說，無論你希望從某種情況中獲得什麼回報，你必須先付出。

2. 承諾和一致性

人們對於他們之前承諾過的事，事後就比較會保持一致的態度，因此，如果要讓一個人做到你希望他做到的，最好事先讓他先做好承諾，因為他們說過的就比較會做到。

譬如針對推廣行車安全來說，根據羅伯特・席爾迪尼博士的研究中發現，很少有人願意在他們家的前草坪上插上宣傳牌，以支持他們社區的行車安全活動。

然而，在附近的一個類似的社區，多達四倍的屋主表示他們願意插牌。為什麼？因為 10 天前，他們同意在他們家的前窗上放置一張小明信片，表示他們支持行車安全活動。由於這張小卡片是他們最初的承諾，因此這些人也表明繼續支持這項活動。

羅伯特・席爾迪尼博士提到，如果讓人們事先說「是」，也就是事先答應你他們會做什麼，那他們事後就比較會遵守諾言。他舉了一個例子：

芝加哥的一位餐館老闆，他讓櫃台小姐更改她接到客人訂位時的說詞，結果減少他餐廳的取消訂位次數。

他的方法是：之前櫃台小姐接到客人訂位時，她會說：

「謝謝你打來戈登餐廳訂位，如果你必須更改或取消預訂，請再來電。」根據這種說法，有大約 30％客人沒打電話取消也沒來。

但改變說詞後，她告訴客人：「如果你必須更改或取消預訂請打電話，你能先打電話嗎？」並等待人們說「是」，如果客人說可以，結果沒打電話取消也沒來的客人降到 10％以下。這顯示人們會對他們公開表示他們會做的事保持一致的行為。

3. 社會證明

一般人都有從眾的習慣，人們會關注他人的行為以決定他們自己的行為，特別是當他們不確定時。因此如果提供「大家都認為、大家都這樣做」的社會證明，就特別具有說服力。

譬如，根據北京的一項餐飲調查研究，如果一位經理在餐廳的菜單上標示了：「這是我們最受歡迎的菜餚」，那麼那道菜立即變得更受歡迎，消費額成長 13％到 20％。

因此，行銷人員常利用人們這種根深蒂固的心理模式來促進商品的銷售，例如在廣告上他們宣稱「美國最暢銷的品牌」、「銷售超過百萬支」等，諸如此類的語言，很容易取信於人。

羅伯特・席爾迪尼博士指出：如果你向人們提供證據，證明和他們一樣的人也對此表示肯定，那麼多數人就會對你

的請求說「是」。他舉出一項調查研究如下：

　　酒店經常在浴室裡放一張小卡片，試圖說服客人重複使用他們的毛巾。卡片上寫著：「若您這樣做可以為環境保護帶來好處。」事實證明，這是一個非常有效的策略，大多數人注意到這項說明而導致重複使用毛巾的比率約 35%。

　　更進一步的研究顯示，大約有 75% 入住酒店四晚或更長時間的人會重複使用他們的毛巾。因此，如果把這樣的訊息放在卡片上，標示出：「75% 的客人在住宿期間會重複使用他們的毛巾，因此請您也這樣做。」當如此標示的時候，毛巾重複使用率又提高了 26%。因此，透過社會證明來說服他人比依靠我們自己去說服他人更容易也更有效。

4. 喜愛

　　人們更願意對他們喜歡的人說「是」。 但是什麼原因導致一個人喜歡另一個人？根據研究顯示，有三個重要的因素：⑴ 我們喜歡與我們相似的人。⑵ 我們喜歡推崇我們的人。⑶ 我們喜歡與我們合作以實現共同目標的人。

　　羅伯特・席爾迪尼博士針對兩所著名商學院的 MBA 學生之間進行一系列的談判研究，結果如下：

　　第一組團體被告知：「時間就是金錢，因此要直接展開談判。」在這個群體中，大約 55% 的人能夠達成協議。接著，第二組被告知：「在開始談判之前，彼此先互相交換一些個人訊息，確定你們所共有的相似性，然後開始談判。」

在這個群體中，90%的人能夠達成協議。因此，如果在談判前與對方有更多的認識或相同的目標，更容易達成協議。

羅伯特・席爾迪尼博士提到，令人驚訝的是，如果對完全陌生人巧妙建立「喜愛」的關係，很容易降低他們的心房。譬如，一些銷售機構通過讓人替他們推薦，不管你是否從他們那裡購買任何東西，他們都可以利用你的推薦輕易的接近你的朋友，像是：「莎莉告訴我說你可能有興趣了解這些資訊。」、「傑克要我聯絡你，他說你對健康知識很有研究。」

他們還有另一種方法是找出個人的某些訊息，然後和人拉攏關係，譬如聲稱：「你知道嗎？我的母親也是在上海出生。」或者說：「我現在每個早上也都會去公園運動。」讓你覺得你和他有某種關連，因此更容易拉近彼此的距離。

毫不奇怪，人們對他們喜歡的人提出的要求很容易說「是」。因此你想要影響別人，就要建立和別人之間的相似之處。譬如對方喜歡打牌，你也喜歡打牌；對方愛打高爾夫球，你也愛打高爾夫球；就是投其所好，可以增進彼此關係。或者讚美對方真正令人欽佩或值得稱讚的特點，恭維對方也會讓對方產生好感。提高喜愛度，就能提高別人的接受度。

5. 權威

人們尊重權威、服從權威，因此運用權威很容易說服別人，一般人都相信知識淵博的專家他們的見解比我們高明。

譬如，如果物理治療師在諮詢室的牆壁上展示出他們的醫學文憑，他們就能說服更多的患者遵守他們推薦的鍛鍊身體計劃。如果在停車場，收費員穿著制服而不是休閒服，雖然他是陌生人，人們會毫不猶疑的向他繳費。

因此，行銷人員常用權威人士，譬如醫生來推薦商品，即使有一些醫生是演員擔綱演出的，人們還是信以為真。

羅伯特・席爾迪尼博士指出，如果你想影響別人，你可以讓別人認為你是一個知識淵博的權威人士，當然你不好意思告訴你的客人你有多聰明，但是你可以安排別人來介紹你。根據羅伯特・席爾迪尼博士的研究，如果房屋銷售的接待人員，在客人上門時先介紹他們業務人員的資歷和專業知識，就能夠增加房屋銷售的簽約數量。

譬如說：「我來找珊卓小姐，她是銷售冠軍，具有超過15 年的經驗，對這個地區的房產非常了解。」或：「若您想了解更多有關售屋的訊息，可以和我們的業務主管彼得談一談，他有超過 20 年的售屋經驗。」簡單的這種專家介紹，就會提高客人洽談意願 20％，簽約成交數量也會增加 15％。

因此，權威的影響力在於它被人們當作可以用來做出正確選擇的可靠消息來源。在說服別人之前，你應該先拿出真實憑據，建立自己的權威性，這樣就容易讓人信服。

6. 稀有

人們想要更多他們可以擁有的東西，尤其想要的是人們

無法擁有的東西。換句話說，東西越稀有，我們就越想要，越願意為此付出代價。古董、藝術品、奢侈品賣的就是它的稀有性。因此，任何有經驗的銷售人員都會試圖說服你，你正考慮購買的東西快要缺貨了，再不買就買不到了。

江蕙宣布退出歌壇，告別演唱會門票一推出就立刻秒殺。位於台北東區忠孝 SOGO 百貨公司旁，開業 40 年的老字號江浙餐廳「永福樓」宣布 2019 年 2 月 24 日歇業，在歇業前突然一位難求。同樣的，英國航空公司在 2003 年宣布他們將停飛每天兩次倫敦到紐約的協和飛機，結果宣布的第二天訂位客滿。這都是因為稀有，有錢也買不到了。

人們想要更多。因此，當你想要使用稀有原則說服其他人時，僅僅告訴人們如果他們選擇你的產品和服務他們將獲得什麼好處是不夠的，還要指出如果他們不考慮購買，他們將會失去什麼，如此人們會試圖想抓住那稀有的機會而採取購買行動。

發揮影響力

影響力法則讓我們了解如何說服和影響別人，事實上影響力對改變自己更重要。

湯尼・羅賓認為：「影響力是塑造你自己生活，影響你自己行為，改變你的收入、關係、情緒和人生方向的力量。」因此，影響力是改變一個人的感知、情感和行動的能力，也是我們必須掌握的最重要的技能，透過它可以提高我們的生活品質以及我們所接觸的所有人的生活。

如果你想發揮影響力，就要從自我開始，讓自己成為具有影響力的人。如何成為具有影響力的人？

・你必須創造一個獨特的識別形象，這個形象讓人容易記住，讓人容易親近。同時當你創造了以後，你就要一直維持住。

・你必須時時激勵自己，讓自己保持在最佳狀態。生理會影響心理，因此你必須身體健康，心情才會愉快。當你精神飽滿，充滿熱忱時，也就很容易感染別人。

・專注在你的工作，專注在你的目標，專注在你的生活上。專注能夠讓你全力以赴，發揮你最大的潛能。

・關心別人，和別人建立親密的關係，抱著學習和分享
的態度，讓你成爲他們最好的朋友。

・創造價值，帶給別人渴望獲得的知識、技術、產品或
服務，給別人他們眞正想要的。

人人都是推銷員，我們無時無刻不在「轉動」別人，發
揮影響力，讓周遭的人更好，讓世界更美好。

人生顧問 380

成功修練：一輩子要學會的8堂人生必修課

作　　　者—陳偉航
編輯協力—謝翠鈺
視覺設計—李宜芝
企劃行銷—江季勳

董　事　長—趙政岷
出　版　者—時報文化出版企業股份有限公司
　　　　　　10803台北市和平西路三段240號七樓
　　　　　　發行專線／（02）2306-6842
　　　　　　讀者服務專線／0800-231-705、（02）2304-7103
　　　　　　讀者服務傳真／（02）2304-6858
　　　　　　郵撥／1934-4724時報文化出版公司
　　　　　　信箱／台北郵政79～99信箱
時報悅讀網—http://www.readingtimes.com.tw
法律顧問—理律法律事務所 陳長文律師、李念祖律師
印　　　刷—盈昌印刷有限公司
初　　　版—刷—二〇一九年十一月八日
定　　　價—新台幣350元
缺頁或破損的書，請寄回更換

時報文化出版公司成立於1975年，
並於1999年股票上櫃公開發行，於2008年脫離中時集團非屬旺中，
以「尊重智慧與創意的文化事業」為信念。

成功修練：一輩子要學會的8堂人生必修課／陳
偉航作. -- 初版. -- 臺北市：時報文化，
2019.11
　　面；　公分. -- (人生顧問；380)
　　ISBN 978-957-13-8011-7(平裝)

　　1.職場成功法

494.35　　　　　　　　　　　　108018168

ISBN　978-957-13-8011-7
Printed in Taiwan